やさしいシリーズ18

食品トレーサビリティシステム

新宮和裕・吉田俊子　著

日本規格協会

はじめに

　現在，食品産業が抱える最大の課題は，「食品の安全・安心」において，失われてしまった信頼を取り戻すことです。その信頼回復の取組みは，食品関連企業のトップ自らがリーダーシップをもって品質保証体制の見直し，改善に取り組むことから始まるといってよいでしょう。

　具体的には，リスクマネジメントが適切に実施される体制整備を構築することになりますが，トレーサビリティシステムは，システムそのものが「食の安全」を確保するものではありません。しかしながら，「問題が生じたとき，適切かつ迅速に対処できるシステムの構築」や「お客様に生産者などの顔が見えるようにすること＝お客様への情報公開」のための有効なツールといえます。このため，BSE（牛海綿状脳症）の問題に端を発して，なかなか減少しない商品回収事故への対応から，社会的にも大きくクローズアップされています。

　また，このような動きは我が国に限らず，欧米を主体とした各国においても，トレーサビリティシステム構築の取組みが行われており，この取組みを標準化するためのグローバルスタンダードとしてISO 22005の規格化の検討が進められています。このISO 22005は，2005年9月に発行されたISO 22000（食品安全マネジメントシステム）シリーズの一つと位置付けされるものですが，2006年5月現在，DISから最終段階のFDISに進んだ段階で，2006年中には正式に規格が発行される見込みです（今後，要求事項の一部に若干の手直しが入る可能性もありますが，基本的な内容は大きくは変わらないものと考えられます）。

　このような状況の中で大きな課題となっているのは，トレーサビリティシステムを導入しようとしたとき，HACCP普及の初期段階と同様にいろいろな誤解が生じてきているということです。誤解の中でも大きいのは，「トレーサビリティシステム＝IT的な先端技術」と考えてしまい，システムの構築や運用に多大な経費を要するものだと誤解してしま

う傾向が強くなってきていることです。そのため，経営資源が必ずしも潤沢ではない中小企業では，システムの構築をあきらめてしまうケースが出ており，大変危惧（ぐ）するところです。本文中でも述べますが，トレーサビリティシステムは決して先端的なIT技術を必須とするものではありません。現在，各食品関連企業が既に実施している紙ベースの管理でも構築できるわけで，先端的なIT技術を導入する場合はその費用対効果をしっかり検討する必要があります。

このような誤解が生じたのも，トレーサビリティシステムについて勉強しようとしても，システムの概念や情報伝達の技術論に終始するものが多く，「導入時において，具体的に何を行う必要があるのか」について，現場に即して執筆されたものが少ないことによります。

そこで，2003年から食品関連企業数十社に対し，トレーサビリティシステムの構築と支援に当たってきた経験を踏まえ，難しい技術論になりがちなトレーサビリティシステムの基礎的知識を，やさしく初心者向けに解説するとともに，導入時における課題の具体的対応策を，現場に即した形で紹介することを主眼として，本書を執筆させていただきました。また，執筆に当たってはISO/DIS 22005の要求事項案及び農林水産省の「トレーサビリティシステム導入の手引き」を参考にしました。

本書が，「食の安全・安心」に少しでもお役に立てればと祈念しております。

2006年7月

新宮　和裕

目　　次

はじめに　3

第1章　「食の安全・安心」にかかわる課題の現状

Q1　最近，よく聞かれる「安全」と「安心」とは，何が違うのですか？　また，トレーサビリティシステムは，このどちらにも有効なのですか？　7

Q2　新聞紙上で，商品の回収記事や社告をよく見かけますが，現状はどのような状況ですか？　8

Q3　加工食品における危機管理の現状は，どのような状況ですか？　9

第2章　トレーサビリティシステムの基礎知識

2.1　一般的な基礎知識　14

2.2　技術的な基礎知識　23

第3章　トレーサビリティシステム構築のポイント

3.1　システムの手順　37

3.2　システムの設計で考慮すべきこと　49

第4章　トレーサビリティシステムの構築事例

4.1　システム開発の共通コンセプト　58

4.2　鶏肉の事例（素材型）　59

4.3 調理加工品の事例　68
4.4 多種類のカテゴリーに対応可能なフレキシブルなシステム　73

第5章　トレーサビリティシステム構築の課題と対応

5.1 導入及び運用コスト　79
5.2 システム設計における課題　79
5.3 データベースの管理と改善への有効利用　81
5.4 従業員の理解とトレーニング　84
5.5 情報のセキュリティ管理　84
5.6 内部監査と第三者監査による検証　89
5.7 海外生産工場とのシステム　92
5.8 ユビキタスIDセンターによるフードチェーンでの情報連結　95

第6章　情報公開の課題と対応

6.1 情報公開の基本的考え方　98
6.2 情報公開の方法　98
6.3 新たなニーズにこたえる商品情報管理システム　103

第7章　まとめ　106

第1章 「食の安全・安心」にかかわる課題の現状

　まず最初に，Q&A方式で「食の安全・安心」にかかわる課題の現状をみてみましょう。

Q 1 　最近，よく聞かれる「安全」と「安心」とは，何が違うのですか？　また，トレーサビリティシステムは，このどちらにも有効なのですか？

A 1 　「食の安全性」について論議するとき，「安全」と「安心」とが混同して使われる場合が見受けられます。食品トレーサビリティシステムは，「食の安全・安心」を支える有効なツールですから，この「安全」と「安心」という言葉をしっかり整理して，論議することが重要です。

　まず，「安全」とは，科学的に裏付け(証明)された事実をいいます。例えば，野菜の残留農薬について慢性毒性試験などを行い，基準値を0.01 ppm以下と設定することなどは，「安全」にかかわることです。それに対して，「安心」とは，あくまでお客様の主観によるもので，食品関連企業が，「この商品は，安全ですよ」と訴えても，「私は，あの会社のいうことは信じられないわ」と思えば，「安心」という言葉は受け入れられません。「安心」とは，食品関連企業が今まで「安全」な商品を提供してきた実績から生じる，食品関連企業そのものへの「信頼感」から生まれるものといえます。

　トレーサビリティシステムの定義などについては，後ほど詳細を説明しますが，トレーサビリティシステムは「食の安全性確保」のツールではありません。あくまで，食の安全は，HACCP手法や一般的衛生管理プログラムの適正な運用で確立されるものです。トレーサビリティシステムは，安全な食品を生産・流通することができてこそ，意味をなすシ

ステムであるわけです。

　そこで，食品のトレーサビリティについて論じるときは，「安全」を「安心」につなげるツールとして位置付けることが必要であり，本書においてもこの考え方を基本にお話を進めていきたいと思います。

Q 2 新聞紙上で，商品の回収記事や社告をよく見かけますが，現状はどのような状況ですか？

A 2 　生産，販売された食品の安全性や品質に不具合があり，該当する商品の回収を新聞紙上などで公開して行うことを「オープンリコール」と呼びます。このオープンリコールがどのくらい行われたのかを，独立行政法人国民生活センターが集計して公開していますが，2003 年は 98 件，2004 年は 138 件，2005 年は 119 件となっています。具体的な内容については，図 1.1 のとおりですが，問題点を分析してみますと，2004 年，2005 年ともに傾向は同じで，2005 年の場合，健康危害に関する事故である微生物汚染や異物混入などについては全体の 41% でした。特に問題になるのは，表示のミスによるものが全体の 41% で 49 件

第 1 章 「食の安全・安心」にかかわる課題の現状

2004 年　件数 138 件

- 賞味期限のミス　24 件
- アレルギー表示　19 件
- ラベルの取り違い　4 件
- その他　12 件

表示不良 44%
異・夾雑物の混入 24%
添加物の誤使用 11%
製造不良・包装不良 12%
微生物・かび
抗生物質, 農薬
品質異常
その他

2005 年　件数 119 件

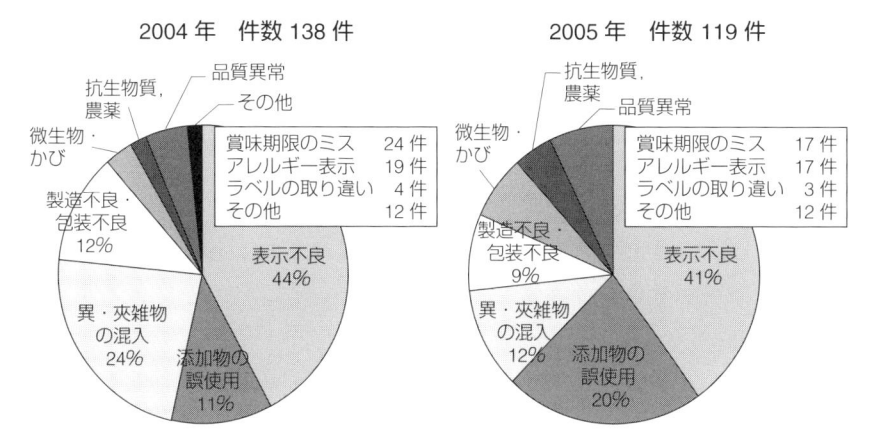

- 賞味期限のミス　17 件
- アレルギー表示　17 件
- ラベルの取り違い　3 件
- その他　12 件

表示不良 41%
異・夾雑物の混入 12%
添加物の誤使用 20%
製造不良・包装不良 9%
微生物・かび
抗生物質, 農薬
品質異常

図 1.1　商品回収事故発生の状況

もあることです。しかも，このうち 20 件は賞味期限の印字間違いやラベルの貼り間違いといったケアレスミスによるものでした。オープンリコールには，新聞紙上などでの社告や回収経費に多額の経費を要します。それにもかかわらず，その原因においてケアレスミスによる事故が多くを占めていることは，食品関連事業者の「食の安全」に対する取組みが，まだまだ甘いといわざるを得ません。

また，これらの食品事故は，一部の食品関連企業だけで発生する性格のものではなく，ほとんどの食品関連企業で起こり得る食品事故であることを肝に銘じておく必要があります。

Q3　加工食品における危機管理の現状は，どのような状況ですか？

A3　社団法人農協流通研究所が，2004 年末に食品関連事業など約 800 社・団体を調査し，その実態報告書が出されていますので，その内容に基づいてお話ししましょう。

(1)　危機管理のマニュアルの整備状況

危機管理マニュアルの整備状況は，すべての製品に対して作成済みの企業は 36.5％，一部の製品については作成済みの企業を加えても，

52.8%となっています。困ったのは，作成の予定なしと回答した企業が9.2%もあることです。これだけ「食の安全・安心」が求められている状況の中でのこの結果は，食品関連企業が過去の食品事故によりお客様の信頼を失った事実を本当に真摯に受け止めているのか，疑問に思えます。危機管理マニュアルを作成すれば，それでよいといったことではありませんが，まずは危機管理のルールを整備することが，「食の安全・安心」のための基本となります。

(2) 問題のある製品の所在確認の時間

万一，回収を必要とする製品を出荷してしまったとき，その所在を確認する時間を調べた結果，図1.2にあるようにすぐ判明可能とされる2時間以内が22.1%，6時間以内までを可とすれば，54.8%となっています。反対に，1日以上経過しても分からないというのが19%あり，迅速な対応を行う障害となっています。問題発生時に，まず該当する製品がどこに，どれだけあるかを知ることが，事故の被害を拡大させないための事故発生時の初期対応に大きな影響を及ぼすことは，いうまでもありません。

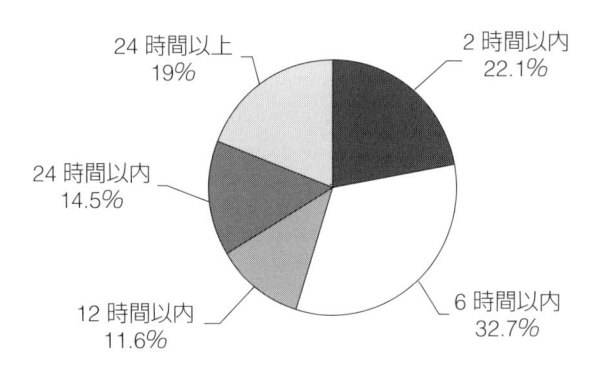

図1.2　問題のある製品の所在確認に要する時間

(3) 食品事故の原因究明の時間

食品事故の原因を迅速かつ正確に究明することは，事故の対応を適切に行えるかの鍵となります。数年前，某大手乳業メーカーの食中毒事件

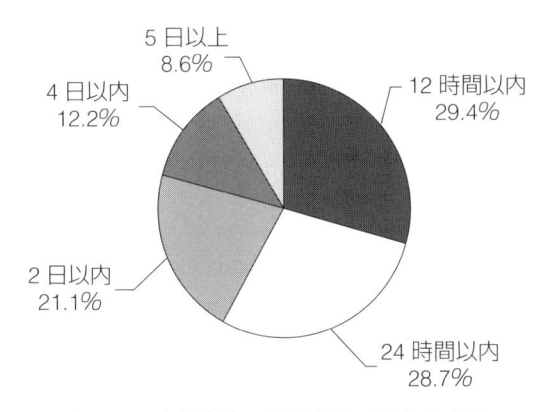

図1.3 食品事故の原因究明に要する時間

の発生時に問題解決を長引かせ，ひいては多数の被害者を出してしまったことは，事故の原因究明に時間を要したことが主因となりました。

調査結果によると，12時間以内に究明可能とするのが29.4%，24時間以内まで拡大すると58.1%となります。一方，事故の対応に支障が出ると考えられる4日以内12.2%と5日以上8.6%を合わせると20.8%となり，5件に1件は原因が判明しないまま事故の初期対応をせざるを得ない状況にあります。また，原因究明に5日以上を要するというこ

とは，実際には原因を究明できなかったというケースが多いようで，これらの原因究明に要する時間をいかに短縮できるかが，大きな課題となります。

(4) 顧客が望む情報公開の内容

トレーサビリティシステムでは，リスクコミュニケーションの一環として，データベース化した情報の公開を重要な要件としています。例えば，お客様はどのような情報を知りたいと考えているかを調査した結果が，図1.4です。この結果によると，「どのような原材料が使われているか」という事項が，断然多くなっています。このことは，野菜の農薬，魚介類の漁獲水域，原材料の原産地などの情報ということになりますが，原材料の内容に続いて，製造・加工年月日（いつ作られたモノか），製造・加工の工程・方法（どのようにして作ったモノか）と続いており，フードチェーンの川上側にシフトしているものと考えられます。

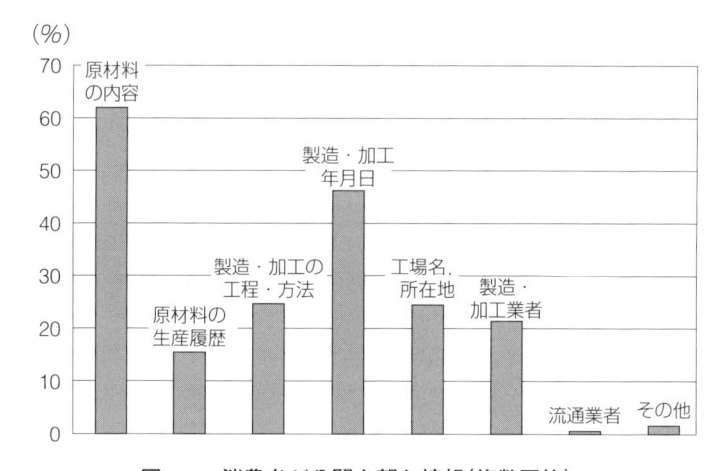

図1.4 消費者が公開を望む情報（複数回答）

第1章 「食の安全・安心」にかかわる課題の現状

第2章 トレーサビリティシステムの基礎知識

　トレーサビリティシステムを適切に導入し，機能させるためには，トレーサビリティシステムについての基礎知識を十分に勉強しておく必要があります。物事何でもそうですが，まずは基礎が大事です。

　この章では，トレーサビリティシステムに関係する基礎知識として，トレーサビリティシステムとはどのようなシステムであるのか，またトレーサビリティシステムに関する技術的な基礎知識について，勉強します。

2.1　一般的な基礎知識

(1)　トレーサビリティの定義

　トレーサビリティシステムについては，数年前に発生したBSE（牛海綿状脳症）問題で，にわかに話題になったこともあり，統一された呼称がないまま「トレーサビリティシステム」，「トレースバックシステム」などとそのシステムの特性に応じて呼ばれ，いろいろな呼び方が混在してきました。

　なかには，単なる原材料や製品に関するデータベースをトレーサビリティシステムと勝手に呼んだりするケースも出てきてしまいました。

　一般的には，「農場から食卓まで」といわれるフードチェーンにおいて，川上から川下へと川下から川上への双方向に追跡，遡及できる場合を「トレーサビリティシステム」と呼び，川下から川上へ遡及する単方向の場合を「トレースバックシステム」と呼んでいます。

　このような状況の中で，トレーサビリティシステムの定義や要件を明確にする必要が生じましたが，グローバルスタンダードとしての定義，要件は確立していません。そこで，農林水産省では，平成15年の補助

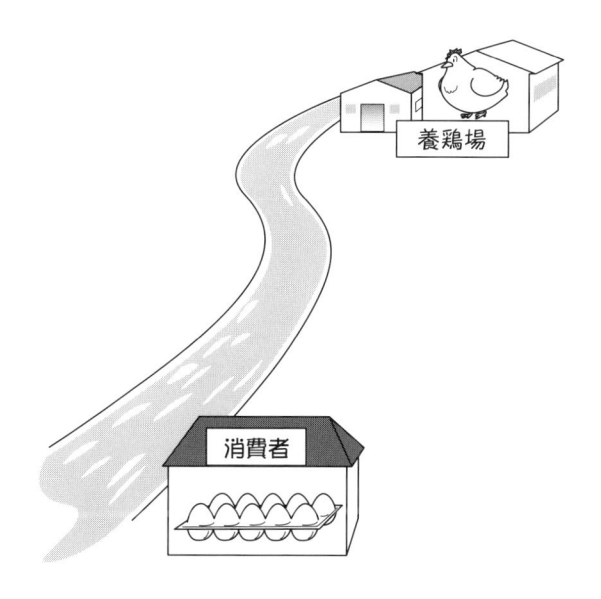

第2章 トレーサビリティシステムの基礎知識

事業で安全・安心情報提供高度化事業を実施し，その取組みの一環として「食品のトレーサビリティ導入ガイドライン策定委員会」を設置しました。このガイドラインでは，トレーサビリティについて「生産，処理，加工，流通・販売のフードチェーンの各段階で，食品とその情報を追跡し遡及できること」と定義しました。この定義の注釈として，「川下方向へ追いかけるとき追跡(トラッキング又はトレースフォワード)といい，川上にさかのぼるとき遡及(トレーシング又はトレースバック)という」と付記されています。この委員会には筆者も参画しましたが，いろいろな論議の上，「モノとその情報がフードチェーン全体につながる必要性」が強調されています。

　一方，国際的な標準化として，ISOやCodex(FAO/WHO：国際的に食品の規格などを検討する機関)においての規格化の検討が進められています。特に，ISOにおいては2005年9月に発行したISO 22000(食品安全マネジメントシステム)のシリーズに位置付け，食品トレーサビリティシステムをISO 22005として規格化するよう検討が進められています。その検討案ではトレーサビリティシステムの定義を「生産，加

工，流通の特定(諸)段階を通じて，飼料あるいは食品の動きを追跡できる能力」と定義しており，フードチェーンのすべてにモノとその情報がつながらなくても，フードチェーンの一部，具体的にはワンステップフォワード(一歩前方)あるいはワンステップバック(一歩後方)でのつながりでもよいとしているところが，農林水産省のガイドラインとは異なるところです。このことは，食品製造者に例えると，受入れした原材料から得意先に納品するまでの間において，モノとその情報をトレースすることが可能であればよいということになります。このことは，製造物責任法(PL 法)の責任範囲とリンクするわけで，現実的な(実施が容易な)考え方だと思います。

また，Codex では「生産，加工及び流通の各段階を通じて食品の移動を追跡する能力」と定義していますが，この定義は ISO/DIS 22005 とリンクしたものになっています。

現在，農林水産省のガイドラインは，ISO 22005 との整合性を持たせるための手直しが検討されていますので，ISO/DIS 22005 規格案を参考にしてお話しすることにします。

1 適用範囲
2 引用規格
3 用語及び定義
4 **食品安全マネジメントシステム**
 一般要求事項，文書化に関する要求事項
5 **経営者の責任**
 コミットメント，方針，計画，責任と権限，レビュー
6 資源の運用管理
 経営資源の管理
7 **安全な製品の計画及び実現**
 PRPs，ハザード分析，CCP，HACCP 計画
8 **食品安全マネジメントシステムの妥当性確認，検証及び改善**

図 2.1　ISO 22000 の目次構成

第2章　トレーサビリティシステムの基礎知識

```
1  範囲
2  引用規格
3  用語と定義
4  トレーサビリティの原則と目的
5  設計
   5.1 設計に関する一般的な考慮　5.2 目的の選択　5.3 製品及び原料
   5.4 設計のための諸段階　5.5 手順の確立　5.6 文書化の要求事項
   5.7 飼料及び食品チェーンの調整
6  実施
   6.1 一般　6.2 トレーサビリティプラン　6.3 責任　6.4 訓練プラン
   6.5 モニタリング　6.6 内部監査　6.7 レビュー
```

図 2.2　ISO/DIS 22005 の目次構成

(2)　トレーサビリティシステムの目的

トレーサビリティシステムには，図 2.3 にあるように，大きく分けて二つの目的があります。

①食品事故が発生した場合の製品の
　回収や原因究明の迅速化
②食品の安全性や品質・表示に対する
　消費者の信頼の確保

図 2.3　トレーサビリティの目的

① 食品事故が発生した場合の該当製品の回収や原因究明を，迅速かつ正確に行うことができる。

万一，食品事故が発生してしまったときは，第1章で述べたように該当する製品を迅速に回収するとともに，その原因を迅速かつ正確に究明して，事故の被害の拡大を最小限に食い止めなければなりません。

具体的には，食品事故発生時に該当する製品がどこに，どのくらい，どのような状況で存在しているか，またその食品事故はどのような原因

で発生し，その被害の重篤度や大きさはどの程度であるかを迅速かつ正確に把握することにより，製品回収の方法(対象とする範囲，回収に関する告知など)及び改善対応策を適切に決定することが可能となります。

② 情報公開により，食品の安全性や品質・表示に対するお客様の信頼(安心)を得る。

情報公開については，トレーサビリティシステムにおいて必ずしも必須となるものではありません。トレーサビリティシステムの定義でもお話ししたとおり，「モノの動きを追跡できること」が，トレーサビリティシステムの求められる主たる機能ですから，情報公開については，付帯的な機能と考えてよいでしょう。

しかしながら，トレーサビリティシステムのデータベース化した情報の中で公開が望ましい情報をお客様に情報公開することによって，食品関連企業に対するお客様の信頼(安心)を得ることができますし，さらには食品の表示事項を担保することにもなります。

情報公開は，企業のホームページなどを通じて日常的に行われる場合と，事故発生時などに必要に応じて行われる場合がありますが，いずれの場合においてもお客様が購入された製品に関する情報を提供することは，お客様の信頼を得る手段として有効です。

お客様は，第1章で述べたように，「どのような原材料を使って」，「誰が」，「どのように作っているのか」などの情報を求めており，そのニーズにこたえることが信頼を得ることとなります。具体的には，この原料の鶏肉は，「○○種という種類の鶏で，国内の○○農場で育て，えさには抗生物質を使用していません」という情報や，「この鶏肉を原料として，○○食品で加工しました。また，そのときの工程の管理は，次のように行いました」などという情報を提供することになります。

さらに，食品事故が発生してしまったときには，該当する食品の危害や対象となる製品の範囲などについて，速やかに情報公開することが，お客様の不安や風評被害を取り除く有効な情報となり，「食品関連企業が，事故に対して適切に対応している」という信頼感を得ることにつな

第 2 章　トレーサビリティシステムの基礎知識

がります。
(3) トレーサビリティシステムに求められる要件
　トレーサビリティシステムの達成すべき目的とは，システムの構築に求められる要件と言い換えることができますが，技術的かつ経済的な実現可能性について考慮することを前提条件とすることが求められます。
　① 食品の安全性又は品質目標のサポートが可能であること
　トレーサビリティシステムそのものは，前述したように食の安全性を確保するシステムではありません。また，品質の高度化を図るものでもありません。しかしながら，「安全で高品質な製品を安心につなげるツール」として有効なものでなければなりません。
　② 製品の履歴及び出所の文書化がされていること
　原材料の受入れから処理，加工そして出荷先に至るまでの履歴が明確にされるためには，文書化する必要があります。文書化の重要性は，ISO 9001 の考え方が基になっていますが，文書化することによってシステムの円滑な運営が可能となります。
　③ 製品の撤去及び回収の支援に有効であること
　万一，食品事故が発生してしまったとき，該当製品の迅速な撤去と回

収が必要となりますが，該当製品の所在を常に確認可能なシステムを構築することにより可能となります。いわゆるフードチェーンにおける各段階のモノとモノのつながりをトレースすることが可能であることが求められています。

④　フードチェーンにおける責任者の明確化

フードチェーンの各段階において，だれが「食の安全」に責任を持つのか，またどこまでの範囲において責任を持つのかを明確にする必要があります。責任が不明確であれば，各々が構築したトレーサビリティシステムは，フードチェーンの全体につながっていきません。

⑤　製品に関する特定情報の検証のための支援が可能であること

該当する製品に関する原材料や製造過程の情報などが，正確な情報であるかを検証するツールとして，トレーサビリティシステムが有効であることが求められます。具体的には，トレーサビリティシステムのデータベースにより該当する製品がどのような原材料で，どのように加工されたかを知る(検証する)ことができるシステムを構築することになります。

⑥　関連する利害関係者及び消費者への情報伝達

フードチェーンに関係するすべての組織やお客様とのリスクコミュニケーションとして，トレーサビリティシステムによる情報の伝達(公開)は，有効な手段といえます。「食の安全」に関する情報を関係者やお客様に常に発信し続けることが，信頼関係を強固なものにしていきます。

(4)　トレーサビリティシステムにかかわる国際的な動き

トレーサビリティシステムが，現段階ではまだグローバルスタンダードとして確立されたものになっていないことを既にお話ししましたが，それだけに欧米を中心とした動向をはじめ，各国において，いろいろな取組みがなされていますので，簡単にご紹介しましょう。

①　EU(欧州連合)

EUでは，BSEの関係から2000年に牛及び牛肉のトレーサビリティが義務化され，その後，遺伝子組換え物質(GMO)や卵などに拡大され

てきました。2005年からは，食品一般法においてすべての食品と飼料などにトレーサビリティが義務付けられました。

　このトレーサビリティに関する要求事項は，それほど厳しいものではなく，仕入先と販売先(ワンステップバック，ワンステップフォワード)を識別できること，すなわちどの製品をどこから仕入れ，どこへ販売したかを確認でき，かつ行政がその情報を利用できるシステムであれば，問題ないとされています。すなわち，トレーサビリティの目的は，問題のある製品の撤去・回収への担保措置として位置付けられています。

　フードチェーンの各段階における内部的なトレーサビリティは奨励事項とされており，義務とはなっていませんが，イギリスではやはり内部トレーサビリティも必要ではないかという流れに変わりつつあり，内部トレーサビリティに関するガイドラインの作成が進められています。一方，ベルギーにおいては，2003年12月に制定された規則で，既に内部トレーサビリティを義務付けしており，EU諸国の中でもそれぞれ国の事情により，取組み方に違いがあります。

　② 北米(アメリカ，カナダ)

　アメリカでは，EU諸国と比べてリテーラー(小売業者)が集約化していないこともあり，また，これまでHACCPに関連するトレースバックシステムを導入してきたこともあって，改めてトレーサビリティシステムを導入することについては消極的でした。しかしながら，牛肉のO157事故の多発もあり，食肉についてはUSDA(米国農務省)から「企業のための製品リコールのガイドライン」が作成されました。

　2002年には，バイオテロリズム法において，国内の食品関係企業には登録，輸入食品については原産国からの情報提示が制度化されました。このシステムは，トレーサビリティが求めるものと共通したところがありますが，危機管理としてのシステム構築が，主目的となっています。

　カナダにおいては，2001年に「食品回収プログラムの開発及び実行」という回収マニュアルが作成されました。このプログラムは，予防策と

対応策からなっており、トレーサビリティについても、この中で触れられています。

(5) 国内におけるトレーサビリティに関する制度

国内におけるトレーサビリティシステムに関する制度は、EUと同様にBSE対策に端を発しています。2003年から「牛の固体識別のための情報管理及び伝達に関する特別措置法」(通称：牛肉トレーサビリティ法)が施行されました。この制度は、すべての牛に10けたの識別コードを付け、その生産、処理、流通に関する情報を一元管理するもので、義務化されています。この概要については、図2.4を参照してください。

①届出と牛に耳票の装着(固体識別番号)

②牛の特性、肥育記録データベース化(固体識別台帳)

③識別番号の表示と取引の記録

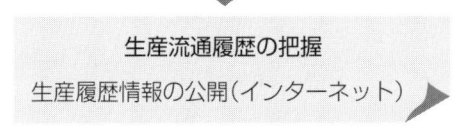

生産流通履歴の把握
生産履歴情報の公開(インターネット)

図2.4　牛肉のトレーサビリティ法

さらに、農林水産省では、この制度とは別に生産情報公表JASを制度化しました。現在、この制度の対象とするものは、牛肉、豚肉、農産物であり、今後も順次拡大される予定です。任意の制度であるため、義務ではありませんが、制度で要求される要件を満たせば、JAS製品として格付けされ、製品に生産情報公表JASのマークを添付することができます。これらの詳しい内容については、農林水産省のホームページをご覧ください。

また、地方自治体においても独自の制度を作り始めました。兵庫県では、HACCPの概念やトレーサビリティの考え方に基づいた「兵庫県食品衛生管理プログラム」という名称で、認定制度を運用しています。

さらに，農林水産省では ISO 22005 の規格化を見据えた形で，トレーサビリティシステムの第三者認証のあり方について検討委員会を設け，検討を行っています。筆者も委員として参画していますが，具体的な認証の方法や要件などが決定されるまでには，もうしばらく検討時間を要します。しかしながら，概要的な要件はある程度まとまってきましたので，この要件も考慮して解説していくことにします。

2.2　技術的な基礎知識

(1)　トレーサビリティシステムに使われている技術

現在までに，様々な形のトレーサビリティシステムが開発・運用されています。それらのシステムには，QR コードに代表される二次元コードや IC タグといった RFID などの最新技術があります。これらの技術は，よくマスコミなどに取り上げられていますが，ここではそれらの技術のうち代表的なものについて説明します。

①　QR コードを使ったシステム

QR コード(Quick Response code)とは，二次元コードの一種で，通常のバーコードとは異なり，白と黒の格子状になっています。そのため，

縦と横の2方向に情報を入れることができるため，多くの情報を持つことができます。

　QRコードは，一次元バーコード以上に多くの情報を入れることができて，なおかつバーコード読み取り装置が読み込みやすいものをというニーズから作られたものです。

　そのため，一次元バーコードに比べて，情報量が多く，汚れにも強いなどといった特性を持っています。

　また，このQRコードは，最近の携帯電話で読み取ることができるため，あらゆる目的に利用されています。例えば，駅の案内板にQRコードを付けておき，そのコードを読み取ると，その駅の周辺の情報が表示されるものや，キャンペーン中の商品にQRコードを付けておき，キャンペーン用のホームページのURLを打ち込むことなく，簡単にアクセスできるようにしたものがあります。

　QRコードを使ったトレーサビリティシステムの例としては，次のようなものがあります。

　まず生産者が商品に関する情報をパソコン上に登録し，データベース化します。登録する情報としては，いつ収穫したか，どのような農薬を使用したかといったものです。

　商品を出荷するときには，その商品の情報をQRコードに変換して印字します。印字したQRコードは，商品に貼り付けて出荷します。

項目	内容
情報の格納	水平と垂直方向に情報を持つ　　水平方向に情報を持つ 　　　　　　　　　　　　　　　　　一次元バーコード 情報を持つ [QRコード]　　　　[バーコード 1234567890125] 情報を持つ　　　　　　　　　　情報を持つ
一次元バーコードとの比較	①情報量を多く持つことができる。 ②汚れに強く，一部分欠けたとしてもデータを修復できる。 ③英数字だけでなく，かなや漢字もデータとして格納できる。

図2.5　QRコードとは

第2章　トレーサビリティシステムの基礎知識

　消費者は，購入した商品に貼り付けられた QR コードを，携帯電話を使って読み取ります。そうすることで，生産者が登録した情報を確認することができます。

　また，面白い事例としては，トレーサビリティシステムと現場での製造のミス防止機能を組み合わせて原材料の配合ミス防止に QR コードを付けて併せて管理するシステムがあります。

　まず，原材料にあらかじめ QR コードを貼り付けておきます。QR コードには，原材料の情報と，原材料のロット番号が登録されています。次に，ある製品を作るため，製品の配合表をコンピュータから読み出します。コンピュータのデータベースには，あらかじめ，どの原材料をどれだけ使うのかが登録してあります。コンピュータに映し出された配合表を見ながら，原材料を準備し，計量時に原材料に貼り付けられた QR コードを読み込みます。このときに，配合表に入っていない QR コードを読んだ場合には，警告音が間違いを作業者に伝えるようにします。

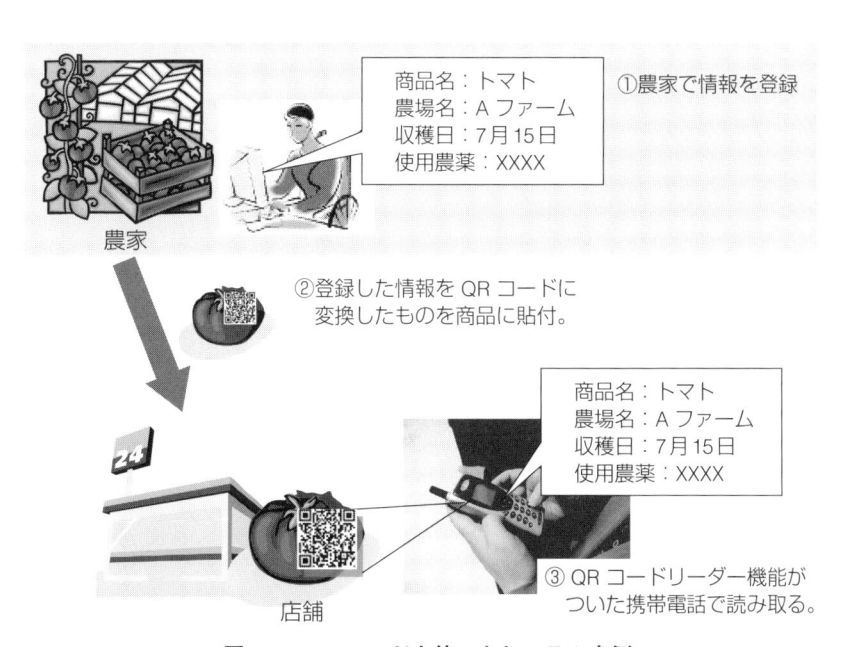

図2.6　QR コードを使ったシステム事例

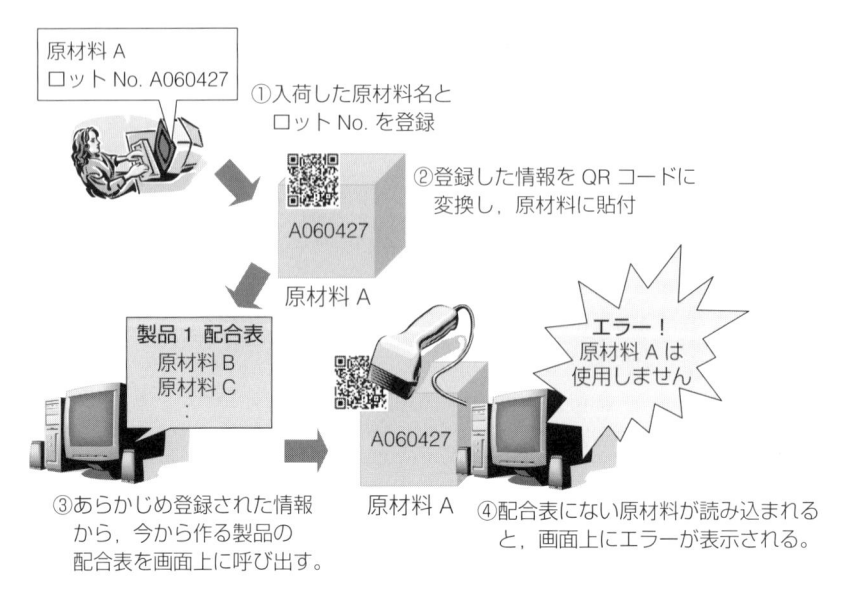

図中テキスト:
- 原材料A ロットNo. A060427
- ①入荷した原材料名とロットNo. を登録
- ②登録した情報をQRコードに変換し，原材料に貼付
- A060427
- 原材料A
- 製品1 配合表 原材料B 原材料C ：
- エラー！原材料Aは使用しません
- A060427
- ③あらかじめ登録された情報から，今から作る製品の配合表を画面上に呼び出す。
- 原材料A
- ④配合表にない原材料が読み込まれると，画面上にエラーが表示される。

図2.7 トレーサビリティシステムと組み合わせた事例

このように，QRコードは携帯電話などに読み取り機能が付いたこともあり，急速に普及しています。今後，様々な用途に使われることが予想されます。

② RFIDを使ったシステム

RFID（Radio Frequency Identification）とは，無線のタグ（RFIDタグ，ICタグ，電子タグ）により人やモノを識別・管理する仕組みを指します。

RFIDタグとは，情報を記録しておく小さな電子チップと無線通信用のアンテナを組み合わせた小型装置のことを指します。

RFIDタグの一番の特徴は，他の情報伝達方式と異なり，一度に多くの情報を読み書きできること，そのため読み取りの手間を減らすことができるということ，そして比較的汚れに強いため，汚れやすい現場でも利用がしやすいといったことが挙げられます。

RFIDタグを使った例としては，JR東日本で採用されている「Suica（スイカ）」や，コンビニエンスストアなどで採用されている「Edy（エ

第 2 章　トレーサビリティシステムの基礎知識

ディ）カード」などが身近なものとして挙げられます。

　RFID タグを使った仕組みは，一般的に次のような手順で情報のやり取りを行います。

　まず，リーダー/ライターと呼ばれる読み書き装置で電波を送信すると，RFID タグのアンテナがその電波を受信して電力に変換します。その電力を利用して，電子チップの情報を読み込み，その後，読み込んだ情報をリーダー/ライターへ送信します。送信された情報は，リーダー/ライターの先につながったコンピュータに入り，情報として利用されます。

　RFID タグは，一見完璧な伝達方式に見えますが，電波を使うため，読み取り能力が周辺環境に影響してしまう技術的な課題や，1 個数百円するため，価格面においても高いといった課題があり，実用化の上では発展途上の技術であるといえます。

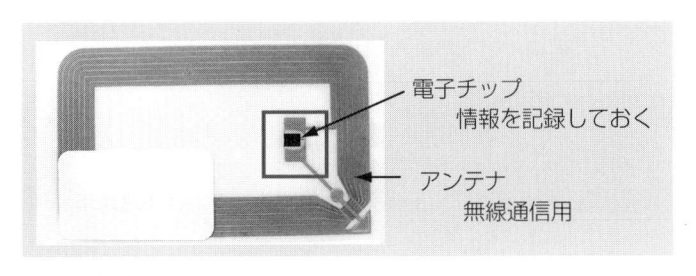

電子チップ
情報を記録しておく

アンテナ
無線通信用

RFID タグの特徴

情報のやり取り	非接触でデータのやり取りができる。 通信距離は，1 cm〜10 cm と，タイプによって様々である。
通信周波数	現在，日本では長波帯(135 kHz)と短波帯(13.56 MHz)の 2 種類の方式が使える。 通信距離は，長波帯で 1 m 程度，短波帯で数 10 cm である。 近い将来，UHF 帯が使えるようになると，数 m の通信が可能となる。
読み取り	1 回に複数個の情報を同時に読み取ることができる。また，金属以外のものであれば透過して読み取りすることができるため，商品パッケージの中にタグを入れていても，情報の読み取りができる。
形　状	様々な形に加工できる。
耐環境性	汚れ，振動，衝撃に強い。

図 2.8　RFID タグとは

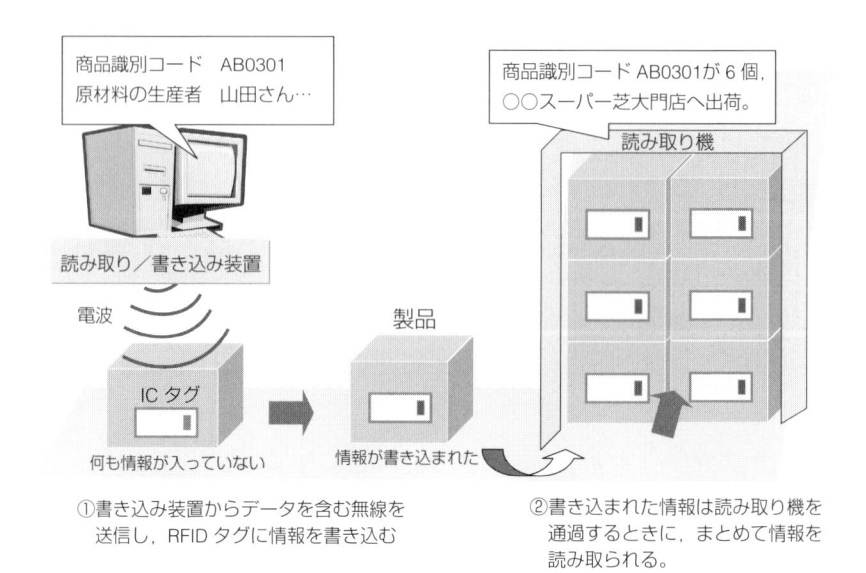

図 2.9　**RFID タグを使った仕組み**

(2)　トレーサビリティシステムで用いられる情報伝達方式

　まず、モノと情報を伝達する方法は 2 種類に分類することができます。一つはモノと情報が別々に流れる方法、もう一つはモノと情報が同時に流れるという方法です。それぞれについて、具体的に説明していきます。

　① 　モノと情報が別々に流れる

　この方法では、情報とモノとは別々に管理し、モノだけがフードチェーン間を移動していくものです。

　モノと情報が別々になっているため、後で、このモノの情報がどれなのかを識別できるようにしなければなりません。

　そこで、モノと情報が後でつながるように、同じ識別するためのコード(識別コード)をそれぞれに付けます。識別できるように目印を付けていくだけなので、特に難しい作業や技術は必要ありません。

　モノは原料から販売に至るまでのフードチェーンを移動していきますが、情報は、1 か所に集められて保管されます。

第2章 トレーサビリティシステムの基礎知識

　情報を確認するには，モノに付けられた識別コードと同じ識別コードが付けられた情報を探し出して見ます。そのため，該当する情報を探し出すまでの時間を多少要する欠点があります。

　鶏肉を例として説明します。まず，生産者から処理場へ鶏が出荷されるときに，鶏に識別コードを付けます。これは，例えば，2005年の8月19日にA農場より出荷した分であれば，A50819というような番号です。このとき，この出荷した鶏の情報にも，同じA50819という識別コードを付けておきます。

　鶏が処理場に搬入されて，処理場で処理された鶏肉にも，どの鶏を使ったかが分かるように，A50819の識別コードを付けて管理します。このときにも，製造工程の管理記録などの情報には同じ識別コードを付けておきます。

　加工場へ出荷された処理肉はスライスされてパック詰めされますが，そのときに，各パックには，識別コードを印字します。加工場での管理記録などの情報にも識別コードを付けておきます。

　このように，鶏肉は生産者から処理場，加工場など，フードチェーン

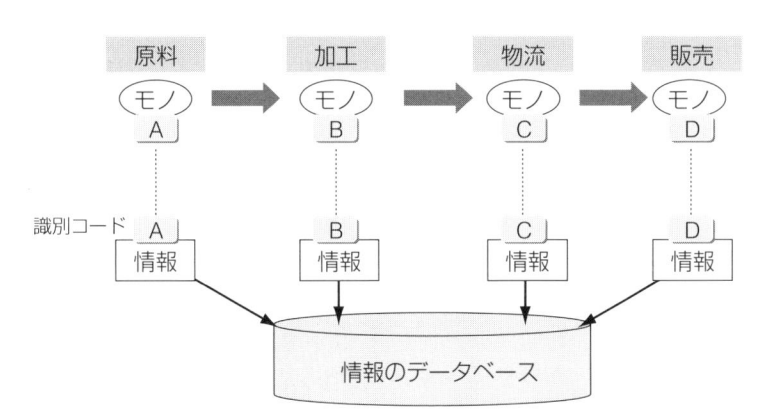

モノと情報が後でつながるように，同じ識別するためのコード（識別コード）を付けます。
モノは原料から販売に至るまでのフードチェーンを移動していきますが，情報は，1か所に集められて保管されます。

図2.10　モノと情報が別々に流れる方式

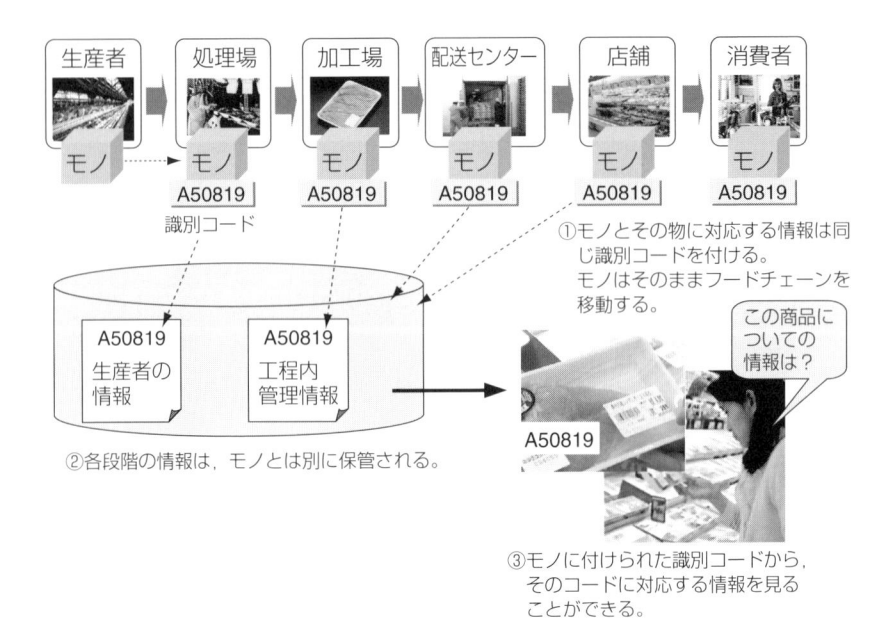

図 2.11　モノと情報が別々に流れる例

を移動していきますが，それらの工程での情報は，モノとは別に保管されます。

それぞれの情報は，商品に付けられた識別コードから，その同じ識別コードが付いた情報を見ることで確認することができます。

② モノと情報が同時に流れる

この方法は，先ほどの方法とは違い，モノと情報が常に一緒になった状態でフードチェーンの各段階を移動していくものです。

モノと情報が同時に各段階を移動していきますが，そのとき，情報は工程を移動するごとに追加されていきます。そのため，情報が書き込めるものを常にモノに付けておく必要があります。

商品に対する情報を確認する場合には，モノと情報が別々に流れる方法とは異なり，そのモノに付いている情報をその場で読み取り確認することができるため，情報の確認時間が早くなります。

鶏肉を例にして説明しますと，原料である鶏の生産者が処理場に鶏を

出荷します。このときに出荷した鶏には，どの農場で育てられたのか，どのようなえさを与えてきたのかといった飼育記録などの情報が渡されます。処理場では鶏が処理されますが，そのときの製造工程の情報や食鳥検査の結果などの情報が先ほどの生産者からの記録と一緒になり，製品と一緒についていきます。処理済の鶏肉を今度は，スライスしてスーパーで販売できるような形にするため，加工場へ出荷されます。その段階でも，処理済みの鶏肉と一緒に情報が引き渡されます。加工場では，それらの記録のほかに加工場の製造工程の記録を追加して店舗へ引き渡されます。

　製品に関する情報を確認するには，モノについたコード等で情報を読み取ることができます。

　さて，情報伝達する二つの方法に対して，トレーサビリティシステムで用いられる情報伝達方式には五つの種類があります（図2.14参照）。

　モノと情報が別々に流れる方法としては，伝票によるものと，識別コード，そして一次元バーコードを使った方式が挙げられます。モノには識別コードを印字したシールや看板もしくは，識別コードを一次元コードに変換したものを付けて移動させますが，情報には，モノと同じ識別コードを記録し保管管理します。モノに対する情報を読み取る場合に

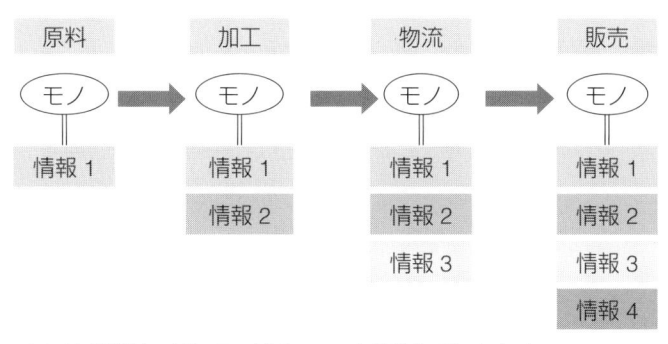

モノと情報は一緒にフードチェーンを移動していきます。
それぞれの情報は，各段階を移動するたびに追加されていきます。

図2.12　モノと情報が同時に流れる方式

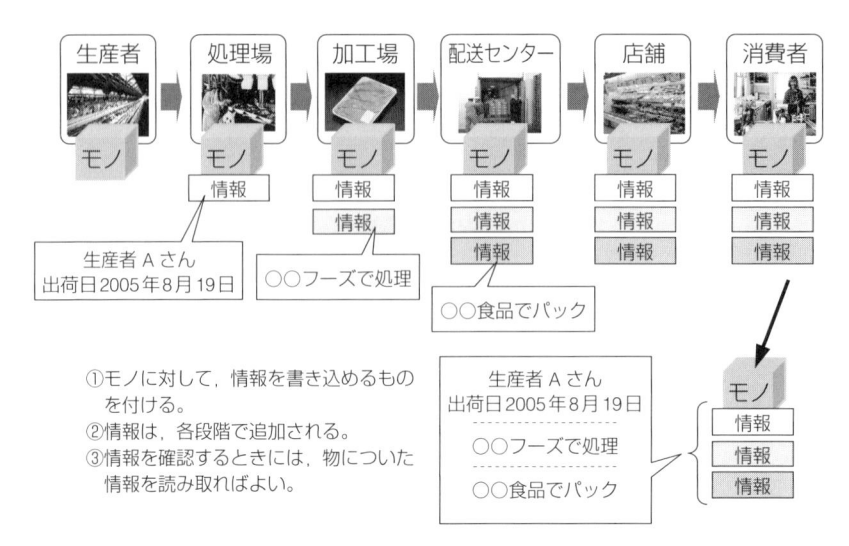

```
┌─────┐  ┌─────┐  ┌─────┐  ┌──────┐  ┌─────┐  ┌──────┐
│生産者│→ │処理場│→ │加工場│→ │配送  │→ │店舗 │→ │消費者│
│     │  │     │  │     │  │センター│  │     │  │      │
└─────┘  └─────┘  └─────┘  └──────┘  └─────┘  └──────┘
```

図2.13　モノと情報が同時に流れる例

① モノに対して、情報を書き込めるものを付ける。
② 情報は、各段階で追加される。
③ 情報を確認するときには、物についた情報を読み取ればよい。

情報伝達方法	伝達方式
物と情報が別々に流れる	①伝票
	②識別コード
	③一次元バーコード
物と情報が同時に流れる	④二次元コード(QRコード)
	⑤RFIDタグ

図2.14　トレーサビリティシステムの情報伝達方式

は，モノに付けられた識別コードから，同じコードが付いている識別コードを探して確認します。

　もう一つの，モノと情報が同時に流れる方法としては，二次元コードによるものと，RFIDタグによるものが挙げられます。ここでの二次元コードとRFIDタグの使い方は違います。

　二次元コードの場合には，情報を追記することができないため，原料の情報のほかに加工場の情報を追加する場合には，新たに情報を入れた二次元コードを発行する必要があります。

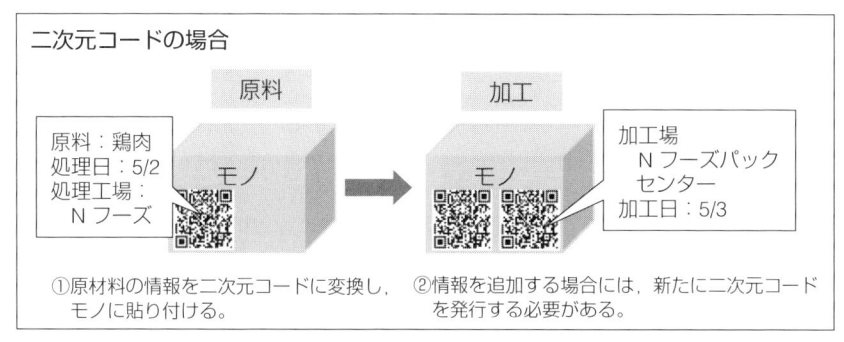

第 2 章　トレーサビリティシステムの基礎知識

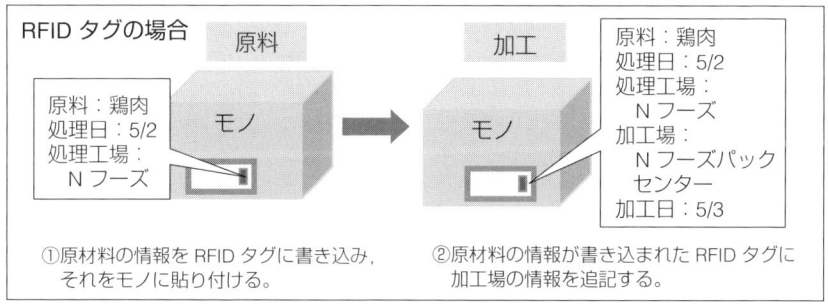

```
二次元コードの場合
         原料              加工
原料:鶏肉                              加工場:
処理日:5/2   モノ    →    モノ            N フーズパック
処理工場:                               センター
  N フーズ                             加工日:5/3

①原材料の情報を二次元コードに変換し、  ②情報を追加する場合には、新たに二次元コード
  モノに貼り付ける。                      を発行する必要がある。
```

```
RFID タグの場合
         原料              加工           原料:鶏肉
                                         処理日:5/2
原料:鶏肉                                 処理工場:
処理日:5/2   モノ    →    モノ               N フーズ
処理工場:                                 加工場:
  N フーズ                                  N フーズパック
                                         センター
                                         加工日:5/3

①原材料の情報を RFID タグに書き込み、 ②原材料の情報が書き込まれた RFID タグに
  それをモノに貼り付ける。                加工場の情報を追記する。
```

二次元コードは情報を追記できないが、RFID タグでは情報の追記ができる。

図 2.15　二次元コードと RFID タグの違い

　一方、RFID タグは情報を追記できるので（追記できないタイプもある）、情報を追加する場合には、貼り付けられたタグに情報を追加するだけで済みます。

　以上の五つの情報伝達方式には、メリットとデメリットがあります。

　情報量を見ると、二次元コードや RFID タグは多くの情報を持つことができます。さらに、かなや漢字の情報も持つことができるため、書き込める情報に自由度が増します。また、情報の検索についても、情報がその場で確認できる二次元コードや RFID タグが優位です。

　耐環境性については、表面に汚れに強い加工などを行える RFID タグが断然優位といえます。二次元コードである QR コードも全体の 30% くらいの汚れであれば、データを修復して読み取ることができるため、耐環境性が比較的高いといえます。

方法	情報量	情報の検索	耐環境(汚れ等)	経費
識別コード	制限あり	やや遅い	やや弱い	安価
一次元バーコード	数十文字	やや速い	弱い	やや安価
二次元バーコード	2000〜3000文字	速い	やや弱い	やや高い
RFIDタグ	相当多い(128バイト)	速い	強い	高価

図2.16　情報伝達方式の比較

　しかし，価格面においてはRFIDタグやQRコードは情報伝達のためのハードウェア，システム開発費などが高く，導入経費や運用経費がかかります。特にRFIDタグについてはタグそのものの価格が高く，1個当たりの価格が数十円といわれています。食品一つずつに付けて管理するにはとても採算が合いません。

　また，実際に使う場合に，現場の人が最新のIT技術に対してアレルギーを持っている場合が多く，導入が思ったように進まないといった課題もあります。過去実際に，我々が製造現場にPDA(携帯端末)を使ったシステムを導入したときも，使い方を教える前に現場の管理者から「分からないし，触りたくない」と感情的に反発されたこともあります。

　一方，識別コードや一次元バーコードは情報量や情報の検索に制限がかかりますが，導入経費が低く抑えられるということと，既に現場で行っている作業をほとんど変えずに導入することができるため，現場の抵抗が少ないといった利点もあります。

　トレーサビリティシステムにおける情報伝達方式を選択する場合には，商品価格や利益率，社内のシステム環境，従業員のスキルなどを考慮してどの方式を採用すべきかを検討すべきです。

第3章　トレーサビリティシステム構築のポイント

　トレーサビリティシステムの構築手順についてお話しするに当たり，重要なことを再確認する必要があります。
　それは，「トレーサビリティシステム＝IT技術」ではないということです。最近，「ユビキタス社会」という言葉が頻繁に使われ，トレーサビリティシステムもユビキタス社会を構成するものの一つであると関係者が声高に訴えています。そのため，トレーサビリティシステムの構築には，IT技術が不可欠であるとの誤解を招いています。前述しましたようにトレーサビリティシステムは，「モノの動きを追跡する」ことが主目的ですので，この目的を達することができれば，どのような方式でもよいわけです。例えば，GMO（遺伝子組換え農産物）のIPハンドリングのように，すべての情報をペーパーベースで行う場合でも，トレーサビリティシステムということができます。
　しかしながら，職場だけでなく家庭にもコンピュータがある時代に，この便利なツールを活用しない手はありません。そこで，過度なIT技術に走ることを抑制しつつ，この便利なツールを活用してシステムを構築することが望ましいといえるでしょう。要は，自社の身の丈（力量）に合った（使いこなせる）システムを構築することが，重要であるといえます。
　一般的に，トレーサビリティシステムの構築は，その機能性（迅速性，精度など）を考慮し，コンピュータを使用した情報システムを用いることが多いと言えます。これから具体的なシステム構築についてのお話をしますが，情報システムを用いることを前提に，システム構築の手順を八つのステップとして説明します。

STEP 1：導入の組織決定とプロジェクトチームの編成
　①導入の組織決定
　②プロジェクトチームの編成（組織化）

STEP 2：現状の把握
　①現状における食品安全上のリスクの明確化
　②フードチェーンにおけるモノと情報の流れを調査し，問題点の明確化
　③情報公開に関する消費者ニーズの把握

STEP 3：システムの基本構想作成
　①システムの概要について全体構想をまとめる
　②トレースの範囲，管理レベルを明確にする

STEP 4：システムの仮設計
　①トレーサビリティシステムを仮設計する
　②情報システムのプログラム作成

STEP 5：手順書の作成とトレーニング
　①手順書の作成
　②関係者へのトレーニング

STEP 6：トライアルと修正
　①トライアルの実施計画を策定する
　②トライアルを実施し，問題点を見つけ出す
　③問題点について修正，改善を行う

STEP 7：システムの正式運用の開始
　①正式運用の開始

STEP 8：システムの検証と継続的改善
　①システムの運用状況について確認する
　②継続的改善を実施

図 3.1　トレーサビリティシステムの構築手順

3.1 システムの手順

STEP 1：導入の組織決定とプロジェクトチームの編成
(1) 導入の組織決定

　まずは，トレーサビリティシステムを導入することについて，経営トップが組織決定する必要があります。導入には，それなりの資金と労力を要しますので，一部の社内関係者だけで，「それじゃ，うちの会社でもやろう」と決めるわけにはいきません。経営トップが，トレーサビリティシステムを導入することについて，その目的やどのように取り組んでいくのかを明確にすることが重要です。この経営トップの明確な意思表示の有無が，トレーサビリティシステム導入の成否のキーポイントとなります。ISO 22005 のベースとなる ISO 22000（食品安全マネジメントシステム）では，経営者の果たすべき責任として，次の事項を挙げています。

① 活動の目標や方針を明確にすること
② 組織における責任と権限を明確にすること
③ 社内外とのコミュニケーションを円滑に行うこと
④ 万一の場合の危機管理体制を整備すること
⑤ マネジメントレビューを行うこと

　また，これらを推進するための経営資源（人，モノ，資金，情報）を適切に配賦することが，求められています。

　トレーサビリティシステムの導入に当たっても，これらの経営者が果たすべき責任は同様であり，経営者はこの責任を踏まえてシステム導入を組織として決定しなければなりません。なお，品質マネジメントシステムである ISO 9001 においては，「経営者とは必ずしも社長でなくともよく，該当する部門の長でもよい」とされています。しかしながら，日本の企業，特に食品関連の中小企業においては，工場長などの製造部門の長に経営資源の配賦などの権限が委譲されているケースが少なく，前述の経営者が果たすべき責任を工場長が負うには，荷が重すぎる場合

が多く見受けられます。私見としては，組織体制がしっかりした大企業は別として，中小企業では，できるだけ経営トップの社長が，ISO 22000で求めている経営者としてのコミットメントを果たすのが望ましいと考えます。

(2) プロジェクトチームの編成(組織化)

プロジェクトチームの編成は，事業者の規模にもよりますが，必ずしも専門チームを編成する必要はありません。既に HACCP チームや 5S チームなどの改善チームが組織化されていれば，そのチームを活用すればよいでしょう。よく見かけるケースに，いろいろなチームを組織化したのはよいが，メンバーはいつも同じ人で，会議の回数ばかりが増え，メンバーは「会議ばかりでたまらない」などと不平をもらすようでは，本末転倒です。

プロジェクトチームを編成する目的は，トレーサビリティシステムの導入に当たって，関係部署の全体活動とすることです。そのためには，関係する各部署からメンバーを選出し，それぞれの責任と権限を明確にして活動することが重要です。筆者自身も経験しましたが，新たなシステムを導入しようとすると，どうしても腰が引けてくるメンバーが出てきますので，「だれが」，「何をどうするか」をはっきりさせておき，各メンバーが人任せ(事務局任せ)にしないようにするということです。

STEP 2：現状の把握

機能するトレーサビリティシステムを設計するには，自社の現状をしっかり把握しておく必要があります。HACCP 手法でも同じことですが，ハザード分析が正確に行われなければ，適切な CCP(重要管理点)を設定することができません。同様に，トレーサビリティシステムにおいても，自社の問題点や力量(身の丈)を十分に把握することにより，現状にあった使い勝手のよいシステムを設計することが，可能となります。具体的には，次のような事項について現状把握が必要です。

(1) 現状における食品安全上のリスクを明確にする。

　自社で製造，販売，流通している製品について，どのような食品安全上のハザードがあるのか，そのハザードはどの程度のリスクとなる可能性があるのか，万一発生してしまったときの重篤性について調査し，明確にします。このことは，HACCP手法におけるハザード分析と同様です。

　これらのリスクを明確にすることにより，導入しようとしているトレーサビリティシステムのモノ（原料，仕掛品，製品など）に紐付けるべき情報が明らかになります。

　また，過去に発生した商品回収を伴う事故の内容，消費者クレームの発生状況及び製造過程におけるトラブルの発生状況などについても，しっかり把握しておく必要があります。

(2) 生産，加工，流通，販売のフードチェーンにおいて，自社が関係する段階の範囲とその問題点を明確にする。

　食品製造業の場合，一般的には単一企業においてフードチェーン全体にわたるトレーサビリティシステムを構築することはあまりないものと考えられます。食品の製造・加工の一歩前である原材料から一歩後ろである得意先までの物流をトレーサビリティシステムの対象範囲とするケースが多いでしょう。その設定した範囲の中で，どのような原材料が使われ，どのように加工され，どのように物流されているかを現状把握することが必要です。この現状把握により，問題点を顕在化することは，トレーサビリティシステムの設計をするときに，大いに役立つことになります。

(3) 情報公開に関する消費者，クライアントのニーズを把握する。

　トレーサビリティシステムによってデータベース化された情報の公開は，リスクコミュニケーションの一環として有効ですが，すべての情報を公開することは，必要とされていません。消費者やクライアントがどのような情報を求めているかについて前述しましたが，必要とする情報に絞り込んで公開することが，費用対効果として考慮されなければなり

ません。求められる情報は，商品の特性や，クライアントの立場によって異なりますので，これらの要因を考慮しつつニーズをしっかりと把握することが重要です。

STEP 3：システムの基本構想の作成
(1) システムの概要について，全体構想をまとめる。

STEP 2で実施した現状把握の結果を基に，自社に導入するシステムのあるべき姿を基本構想として描きます。この段階は，建物を建てる例に言い換えると，1階建てか，2階建てか，そしておおよその間取りはどうするかを検討する段階といえます。

重要なのは，はじめから「こうあるべきだ」という固定概念を持たず，自由な発想でプロジェクトチームメンバーからいろいろな意見を引き出すことです。トレーサビリティシステムの機能については，万一，問題が発生したとき，フードチェーンにおける該当製品の所在を特定できること，さらに，その原因調査や回収等の措置を迅速かつ適切に行えることが求められています。これらの要求事項にこたえるため，どのようなシステムにする必要があるかをしっかりと検討しましょう。

(2) 基本構想は，トレースの対象とする範囲，管理レベルを明確にし，段階的に設定する。

基本構想を策定するに当たって，モノと情報をトレースする範囲をフードチェーンのどの段階からどこまでの段階にするか，また対象とする製品は何にするかについて検討することになります。また，管理レベルとは，対象とするモノ（原材料や製品等）のロットの大きさやモノに紐付ける情報の量のことで，トレース情報の精度と考えてもよいでしょう。

例えば，鶏肉の処理場でのトレーサビリティシステムで，鶏のロットは鶏舎ごとにするのか，それとも養鶏業者の農場単位にするのか，決めることになります。また，紐付ける情報は，HACCPでいうCCPの情報だけにするのか，オペレーションPRP（前提条件プログラム）までを対象にするのかについても決定しなければなりません。

このようなトレースの対象とする範囲や管理レベルは，システムの導入当初から理想的なものを追いすぎますと，自社の身の丈とのギャップが出てしまい，実際には使いこなせないシステムとなってしまう場合があります。そこで，まずは自己責任でしっかり管理できる範囲や管理レベルから取り組んでいくことが，システムの導入を容易にします。

STEP 4：システムの設計
(1) トレーサビリティシステムの設計の基本的考え方

システムの基本構想ができたら，いよいよシステムの設計に入ります。

先ほどの STEP 3 の例でお話しすると，建物の柱や壁そして床などの基本となる構造について，基本構想に沿った第 1 段階の設計図を作成する作業に入るということです。

システムの設計に当たっては，クライアントなどシステム導入の関係者が求めるニーズをしっかり捉え，技術的に実現可能なシステムで，費用対効果を考慮したシステムであることが求められます。また，このシステムを実際に運用する関係者の意見をよく聞くことが重要です。スタッフ部門の方が机上で考えたシステムは，実際の現場作業とのギャップが生じ，現場作業を担当している方々に受け入れられないケースがたびたびあります。導入したシステムが，関係者間で円滑に運用されるためには，関係者の理解と協力が不可欠となりますので，できるだけ多くの関係者を巻き込んだ取組みが必要です。

具体的に検討すべき事項の詳細については，次の 3.2 で説明します。

(2) システムの基本仕様の検討

トレーサビリティシステムのプログラムを設計するに当たって，その基本仕様を明確にする必要があります。農林水産省のトレーサビリティ導入ガイドライン策定委員会で作成した「食品トレーサビリティシステム導入の手引き」では，次の事項について検討し，設定することとしておりますが，分かりやすくするため鶏肉のトレーサビリティの事例で説

明しましょう。
① 対象範囲を決める
  ・どの品目，品種を対象とするか：地鶏ブランドの○○赤鶏のもも肉とむね肉を対象とする。
  ・どの取引先を対象とするか：生協向け
  ・フードチェーンのどの段階からどの段階までを実行範囲とするか：養鶏農家から生協の配送センター納品時まで
  ・ロットの定義：養鶏農家から処理場に搬入されるトラック単位を1ロットとする。
  ・ロットの識別方法：ロットごとに数字とアルファベットによる識別記号を付与する。

② 伝達，交換する情報内容・方法の明確化
  ・どのような情報を伝達，交換するか：養鶏農家，処理場，物流の段階におけるロットを特定する識別記号
  ・どのような媒体を用いるか：養鶏農家と処理場間は紙ベースで，処理場内のデータ及び物流時のデータは，データベースを用いた

電子データによる
③　記録する情報内容
・記録する情報は何か：養鶏農家，処理場，物流の段階におけるロットの特定及びその重要な管理データ
・情報にどれだけの正確さが，求められるか：ロットの特定，該当原料と製品の数量，及びCCPとなる管理事項は，特に正確な情報を求める。
④　内部検査
・検査のポイント：モニタリング記録の正確さ，数量管理の正確さ
・検査の内容と方法：モニタリング記録の精査，数量管理におけるモノと記録の一致，不適合時の措置記録

STEP 5：手順書の作成とトレーニング
(1)　手順書の作成

　導入するトレーサビリティシステムの仕様が決まり，情報システムのプログラムができあがったら，このシステムを実施するためのトレーニングを関係部署において実施します。

　設計されたトレーサビリティシステムを機能させるためには，このシステムを利用する関係者が，システムの運用法について十分理解していないと，力を発揮できません。システムが機能するか，しないかはそのシステムを運用する「人」のスキルに懸かっています。システムを適切に運用するための十分なスキルを持つためには，関係者に対するトレーニングが重要となりますが，そのツールとしてシステムを適切に運用するための手順書が必要となります。

　手順書には，モノの動きやモノに紐付く情報をモニタリングし，記録するために，「いつ」，「誰が」，「どのような作業を」，「どのような方法で行うか」について，そのルールを明確に記載することになります。トレーサビリティシステムの運用にかかわるすべての関係者は，この手順書に従ってシステムの運用を行うわけですから，誰もが分かる手順書で

なければなりません。ルールとは，「やるべきこと」，「やってはいけないこと」を明記したものといえますので，これらのことを簡潔にかつ分かりやすく記載することが重要です。そのためには，文章で書かれた分厚いものでなく図3.2のように，見てすぐ分かるビジュアルなものが有効です。

図3.2　手順書の作成例

(2)　関係者へのトレーニング

　手順書ができあがったら，これを使ってのトレーニングを行います。トレーニングに当たっては，まずトレーサビリティシステムを導入する目的について関係者の理解を得るようにします。製造現場をはじめとして直接作業に携わる現場の関係者は，ただでさえ「また面倒くさいことをやらされる」という気持ちが強いですから，最初にシステム導入に関する理解を得ておくことが重要です。システムの導入スタッフ部門が作成した手順書の内容を「このようにしなさい」と押し付けるやり方は，一番まずいやり方です。システムの設計時に，できるだけ多くの関係者

第3章　トレーサビリティシステム構築のポイント

の意見を聞くことが重要であることを前述しましたが，このことができているか，いないかは，トレーニングに参加する関係者が積極的に取り組んでくれるためのポイントとなります。

　トレーニングは，事務局担当者がトレーナーとなり，正しいモニタリングとその記録の方法，データベース化する情報の入力や検索などについて，手順書をテキストとしてOJT(On the Job Training)や図3.3のようなTWI(Training With in Industry)の手法を用いて指導します。また，トレーニング時に重要なことは，関係者が「何を」，「どのようにするのか」，「どのようなことをしてはいけないのか」を明確に理解できるように指導することです。

STEP 1
その気にさせる。
なぜそうするかを説明し，理解させその気にさせる。

STEP 2
作業をやってみせ，説明する。
実際に作業をしてみせ，ポイントを教える。

STEP 3
やらせてみる。
手順を教えたあと，実際にやらせてみる。

STEP 4
教えた後フォローする。
教えた結果を評価し，指導する(ほめる)。

図3.3　TWIによる新人のトレーニング

STEP 6：トライアルとシステムの修正

システムのプログラムができ，関係者のトレーニングが終了したら，システムが問題なく運用可能であるかを検証するため，トライアルを実施します。また，この結果，システムに不具合が見つかれば，適切な修正を行います。

(1) トライアルの実施計画を策定する

トライアルを実施するに当たって，まずはその実施計画を策定します。実施計画は，対象とする製品及び部署，実施スケジュール，トライアルに関する役割分担などについて策定します。

トライアルの範囲は，システムを導入する予定のすべての範囲で行うのではなく，その中でもモデル的な製品，部署に絞り込んで行う方が，新しい取組みを初めて行うことによる混乱のリスクを低減させることができるのでよいでしょう。

策定された実施計画は，関係者に漏れなく周知徹底することが，重要です。

(2) トライアルを実施し，問題点を見つけ出す

新しいシステムを導入して最初からうまくいくことは，あまりないでしょう。特に，情報システムのプログラムは，想定していなかった場面が出てきたときに初めて問題点が顕在化してきます。

問題点を見つけ出すポイントは，トライアル時に問題発生の可能性があると思われる事項について，いろいろな検討を多面的に行うことです。そのためには，事前に問題点となりそうな事項を整理しておき，チェックシートとしてまとめておくと，チェックの漏れを防止することができます。

(3) 問題点について改善，修正を行う

トライアルの結果問題点が発見されたら，この改善及び修正を行います。発見された問題点のすべてを完璧に改善・修正することは，現実には多くの困難が伴いますので，問題点を「A：改善・修正を不可欠とする。B：できれば，改善・修正をした方がよい。C：改善：修正をしな

くても運用でクリアできる」のようにその問題の大きさにより区分し，Aランクの問題点を優先的に改善・修正を行います。Bランクについては，正式導入後にしばらく時間をおいて，さらに新たに顕在化するであろう問題点と合わせて措置をとるのが効率的でしょう。Cランクについては，運用でクリアできると考えられるため，しばらく運用で様子を見ながらやはり改善・修正の必要があると判断されたときに，対応すればよいでしょう。

　また，システムの改善・修正に当たっては，システムの設計時と同様に関係者の意見を十分に聞いて，その意見を反映させることが重要です。

STEP 7：システムの正式運用開始

　STEP 1からSTEP 6までの取組みが完了したら，いよいよ正式に運用を開始します。正式運用開始の条件は，STEP 6で実施すべきシステムの改善・指導が完了したことが確認されていることとなります。

　また，改善・修正を行った手順については，改めて手順書を改訂し，その変更点を関係者に周知徹底することが必要です。

STEP 8：システムの検証と継続的改善

　内部監査で導入したシステムが機能しているか，その有効性を定期的に評価(検証)することが求められます。

　また，ISO 9001やISO 22000で求められているマネジメントレビューの定期的実施についても同様に求められます。

(1) システムの運用状況について確認する

　トレーサビリティシステムを正式導入したら，それで終わりではありません。常に導入したシステムが円滑に運用され，機能しているかを確認しなければなりません。

　具体的な確認の方法として，内部監査が有効です。内部監査の方法は，ISO 9001で行われている方法と同様で，監査の対象とする事項が異な

るだけです。内部監査チームを編成して組織的に行うことが望ましいといえますが，トレーサビリティシステムの場合は，監査の範囲となる事項がさほど大きくないため，関係部署の役職者や事務局において実施することでも差し支えはないでしょう。要は，適切に問題点を見つけ出すことができる者が，適切な方法で実施すればよいわけです。

(2) システムの継続的改善

導入されたシステムは，PDCA サイクルが適切に回され，継続的な改善によって維持されなければなりません。そのためには，必要に応じてシステムの更新が必要となります。システムの更新については，トレーサビリティシステム導入のガイドラインで，次のようなときに実施すべきとされています。

- ・定期的なシステム評価（レビュー）によって，更新が必要と判断された場合
- ・フードチェーンの関係する範囲において，工程が変更された場合
- ・関連する法規が変更された場合
- ・取引条件や取引品目など関連する環境に変化が生じた場合
- ・適用可能な新規技術の開発がなされた場合
- ・消費行動に大きな変化が見られた場合

また，レビューの中には次の事項を含めて活用してもよいとされています。

- ・システム運用時におけるモニタリングの結果
- ・内部監査や第三者監査の所見
- ・製品又はプロセス（工程）の変更に関すること
- ・フードチェーンの他の組織から提供された情報
- ・問題発生時の是正処置
- ・消費者クレームなど顧客からのフィードバックされた情報
- ・新規又は修正された規則（法規など）

3.2 システムの設計で考慮すべきこと

トレーサビリティシステムの設計をする上で，どういったことを決めていかなければならないのか，その留意点を説明します。

(1) 設計に関する一般的な考慮で求められること

トレーサビリティシステムの選択に当たっては，消費者やクライアントなどの要求事項にこたえているか，技術的に実現が可能であるか，経済的に無理のないシステムとなっているかについて満足することが求められます。また，システムの各要件は達成すべき目的を考慮に入れ，ケース・バイ・ケースで適切なものを考慮するよう求められています。

以下に，その概要を説明します。

① 目　的

トレーサビリティシステムを導入する目的が何であるかを明確にします。

「単にモノの所在を追跡可能とする」のか，「製造過程の情報を紐付けし原因究明を迅速に行えるようにする」のか，「情報公開によるコミュニケーションの強化を図る」のかなどについて明確にすることになります。

② 製品又は原料

導入するトレーサビリティシステムが対象とする製品や原料の範囲について明確にします。

③ フードチェーンでの位置付け

トレーサビリティシステムの対象とするフードチェーンにおける範囲を明確にします。一般的に，フードチェーンの一歩前と一歩後を特定しますが，食品製造業であれば，原材料の供給者と製品を納める得意先となります。

④ 材料の流れ

ここでいう材料とは，食品製造業の場合，搬入される原材料や製造過程での仕掛品となり，これらのモノの流れを調査し確定させます。

⑤ 情報の要求事項

次の三つの情報にどのようなものがあるかを収集し、取り扱うべき情報を確定させます。

・供給者(原材料納入業者など)から得られるべき情報
・プロセスの履歴(製造過程のモニタリングデータなど)に関して収集されるべき情報
・顧客に提供されるべき(情報公開などの)情報

⑥ 手順の確立

トレーサビリティシステム構築の手順において不可欠な事項となりますが、原文は分かりづらい表現となっていますので、前述した第三者認証検討委員会で検討中の要求事項(案)を引用します。

・追跡する製品及び原料の単位(識別単位)を定め、識別記号を付して管理する。
・識別された単位ごとに製品及び原料を分別管理する。
・製品及び原料の識別単位とその受託先(一歩川上の事業者)、発送先(一歩川下の事業者)とを対応付け、定められた媒体に記録する。
・原料の識別単位と半製品及び製品の識別単位との関連を付け、定められた媒体(紙及び電子データ等)に記録する。
・原料や製品が統合されたり分割されたりするときには、作業前の識別単位と作業後の識別単位との関連を付け、定められた媒体に記録する。
・記録を管理する。
・問い合わせ先と情報伝達を行う。

⑦ 文書化の要求事項

トレーサビリティシステムの目的を達成するためには、どのような文書が必要かを確定します。

なお、文書コントロールについては、ISO 22000 の 4.2.2 に、記録コントロールについては、ISO 22000 の 4.2.3 に準じることとなっています。

⑧　データ管理

データベース化したデータをどのような方法で管理するかについて確定します。

⑨　コミュニケーションのための情報検索

トレーサビリティの情報に関する問い合わせへの対応とその情報の伝達をどのように行うかを確定します。

(2) システムの設計の基本的な考え方

この基本方針がしっかりしていないと，意図しないシステムができあがってしまいます。

例えば，ある食品製造者が「販売した商品の原材料の生産履歴を公開するためにシステムを導入したい」と考えたとします。その場合は，同じ原材料でも生産履歴が異なる原材料を識別区分できることを重点としたシステムにする必要があります。

また，製造現場の管理者は加熱工程でよく問題が起きるため，万一製品を回収せざるを得なくなったとき，当該製品の製造時における記録に

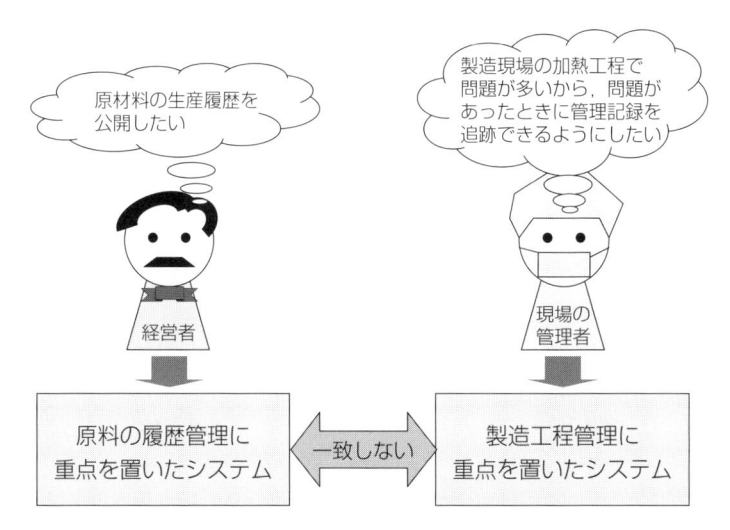

基本的な考え方を整理しておく必要がある。

図3.4　システム設計の基本的な考え方

より加熱工程での状況を知りたいと考えたとします。その場合は，製造工程の管理データに重点を置いたシステムにする必要があります。

このように同じ製品を対象としながらも，システムの目的が異なると異なるシステムのプログラム設計となります。そのため，最初にどのような目的でシステムを使うのかを，しっかりと決定しておくことが重要です。

(3) 基本仕様を決定するときの留意点

基本仕様を決定するに当たっての課題については，3.1で述べましたが，重要なことですので，もう少し詳しく留意点について補足します。

① 対象範囲

トレーサビリティシステムの対象範囲を決定しますが，決めるべきことは，次のとおりです。

・どの品目品種にするのか
・どの取引先を対象とするのか
・川上から川下までどの段階からどの段階までを実行範囲にするのか

最初に対象はどの製品にするのか，決めておく必要があります。一度にすべての製品を対象とするよりも，優先順位を決めてとりかかる方が円滑な導入が可能です。

対象とする製品が決定したら，どの取引先を対象とするのかを決めます。取引先によっては，事情によりトレーサビリティシステムに対する協力が得られない場合もあります。また，物流センターを通すのか，直送なのかといった物流の流れが異なるケースもあります。

これらのことを考慮の上，フードチェーンのどの段階からどの段階までを対象範囲とするのかを決める必要があります。

② ロットの設定

ロットの設定をどのようにするかは，トレーサビリティシステムの精度と運用面に大きな影響を及ぼします。一般的に，ロットの大きさを小さくすればするほどその精度は上がってきますが，その反面識別管理に多くの手間を要することになります。また，ロットを大きく設定すれば，

その精度は下がってきます。そこで，ロットを設定する場合は，システム運用の手間を考えた上で，費用対効果の高いロットの大きさを設定することが重要です。

具体的には，ロットの設定には当該製品や原材料に関するリスクの大きさを考慮しなければなりません。HACCP手法で行うハザード分析により明確にされたハザードが，どの程度のリスク（危害の起こり得る頻度とその重篤度の関係）となるのかを適切に判断し，そのリスクの大きさを考慮したロットの設定が必要です。当然ながら，リスクの大きい製品や原材料についてはロットを小さく設定することになります。

さらに，製造過程の形態によってもロットの設定は異なります。連続生産ラインで大量に製造される製品とバッチ的に小規模に生産される製品とでは，ロットの設定はそのライン特性に合わせた大きさとなります。

③　ロットの識別

フードチェーンの中で，製品を追跡・遡及するためには，次のことが情報として必要になります。

・受け入れた原料や製品がどこから来たのか
・事業者自身の受け入れた原料から製品までの製造過程の情報
・出荷した製品がどこへ行ったか

これらの情報を追跡・遡及するには，該当する製品もしくは原料のロットを特定できるように識別する必要があります。

さらに，ロットが統合もしくは，分割が起こる場合には，作業前と作業後のロットの対応付けができるように識別し，その識別されたロットに対応した記録を残しておく必要があります。そして作業上においても，異なるロットが混ざらないよう図3.5のように区分する仕組みを作ることが必要となります。

例えば，図3.6の例のように，製造工程中に識別用の看板をつけて誰もが分かるようにするなどの工夫が必要となります。

液体や練り物のような連続的にモノが流れていく製品の場合には，ここからここまでと分かるように看板をつけることはできません。

その場合には，各ロットの作業時間を記録しておき，時間で識別区分する方法があります。こうすることで，後で記録に書かれた時間から，どのロットのものか識別区分することができます。

④　情報の入力とデータベース化

　トレーサビリティシステムでデータベース化する情報を決めます。デ

ロットの統合の場合（例：二つ以上のロットを合わせて新しい一つのロットにする）

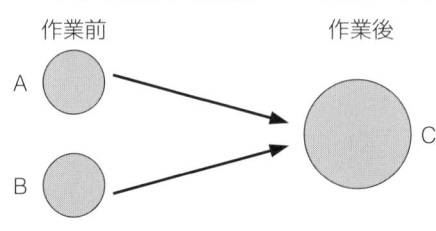

作業前　　　　作業後

A

B　　　　　　C

・作業前のロットとその情報を照合し，情報を記録する
・作業後のロットに新しいロット番号を与える（ロットC）
・作業の前と後のロット番号を対応づけ，記録する
・作業後のロットのラベル等を作成して，ロットに貼付する

ロットの分割の場合（例：一つのロットを新しい二つのロットに分ける）

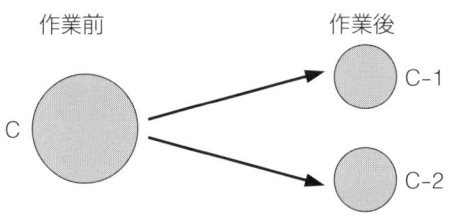

作業前　　　　作業後

C　　　　　　C-1

　　　　　　　C-2

・作業前のロットとその情報を照合し，情報を記録する
・作業後のロットに新しいロット番号を与える（ロットC-1，ロットC-2）
・作業の前と後のロット番号を対応づけ，記録する
・作業後のロットのラベル等を作成して，ロットに貼付する

図3.5　ロットの統合や分割の場合の対応づけ

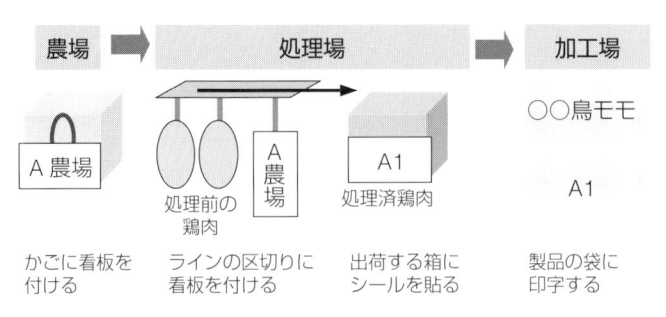

農場　→　処理場　→　加工場

A農場　　処理前の鶏肉　A農場　A1 処理済鶏肉　　○○鳥モモ　A1

かごに看板を付ける　　ラインの区切りに看板を付ける　　出荷する箱にシールを貼る　　製品の袋に印字する

ロットが識別区分できるように，看板やシールなどを貼付して明示する。

図3.6　モノの識別管理の方法（例：鶏肉の場合）

ータベース化する情報は，2種類に分けることができます。

　一つは，ロット番号などといったトレーサビリティ上必要な情報と，もう一つはトレーサビリティには直接関係はありませんが，その製品に関する製造工程管理等の情報です。そして，それらの情報はすべてデータベース化する必要はなく，特に重要な管理項目のみをデータベース化すればよいでしょう。例えば，水産加工品の場合，その原材料である魚の水域や水揚げ地の情報やロット自体の数量といった情報は，必要に応じてデータベース化することになります。

　次に情報の入力方法ですが，いくつかの方法があります。まず一つ目は記録用紙に記録しておく方法，二つ目は記録用紙に記録した情報の中から特に重要で管理しなければならない情報のみコンピュータに登録しておく方法，三つ目は現場でリアルタイムに情報をコンピュータに登録する方法です。

　記録用紙に記録しておく方法は，従来から実施されてきた方法になりますが，この方法の欠点は，該当する識別コードから，ペーパー上で情報を探し出すため時間がかかるということです。

　必要な情報のみコンピュータに登録しておく方法は，現場で管理帳票等に記録した情報をコンピュータ上にデータベース化しておきます。この方法は電子化された情報となりますので，何かあったときに情報をすぐに検索することができます。

	情報の検索	作業の簡便性	コスト
記録用紙に記録 （例：手書き）	時間がかかる	簡単	安い
特に重要な情報のみ コンピュータに登録 （例：パソコン）	比較的速い	やや簡単	やや安い
リアルタイムに コンピュータに登録 （携帯端末からの登録）	速い	難しい	高い

図 3.7　情報の入力方法

現場で自動入力装置や携帯端末機などを使ってリアルタイムに情報を入力していく方法は，何か問題があった場合にもすぐに対応ができるというメリットがありますが，コストがかかるということと，現場の人が入力端末機を使いこなせるように教育することが難しいといった課題があります。
　これらの入力方法には，一長一短ありますので自社ではどの方法が一番適しているかを現状把握の上，選択すべきでしょう。
　⑤　情報の検索
　情報の検索にはモノの所在の検索とモノに紐付いた情報の検索の二つがあります。
　まず，モノの所在についての検索ですが，当該製品はどの原材料を使って製造されたものかを検索するトレースバックと，当該原材料は最終的にどの製品になったのかといったトレースフォワードを，検索できるようにする必要があります。
　トレースバックについては，例えば鶏肉であれば，鶏のモモ肉のパックに印字されている識別コードから検索して，どの農場からいつ出荷さ

れ，その原材料がいつどの加工場で加工されて，いつ出荷されたのか流通経路が分かるようにします。

トレースフォワードについては，原材料ロットから検索して，この原材料は，どの加工場で処理されて，どこの配送センターを通って，どの店舗で販売されたのかが分かるようにします。

もう一つの検索は，モノに紐付いた情報の検索です。前述のトレースフォワードとトレースバックについては，モノの流れに合わせて，それらの経路で記録している製造過程や流通の管理情報も検索できるようにします。

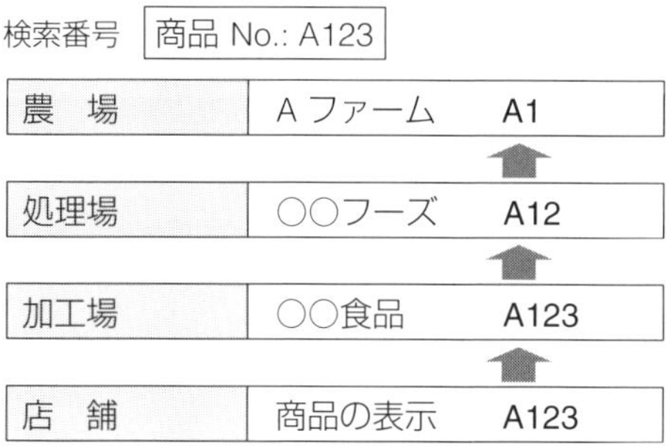

検索番号	商品 No.: A123
農　場	Aファーム　　A1
処理場	○○フーズ　　A12
加工場	○○食品　　A123
店　舗	商品の表示　A123

商品に印字された検索番号から，その商品がどこからきたものなのかを確認することができる。

図 3.8　トレースバックの検索

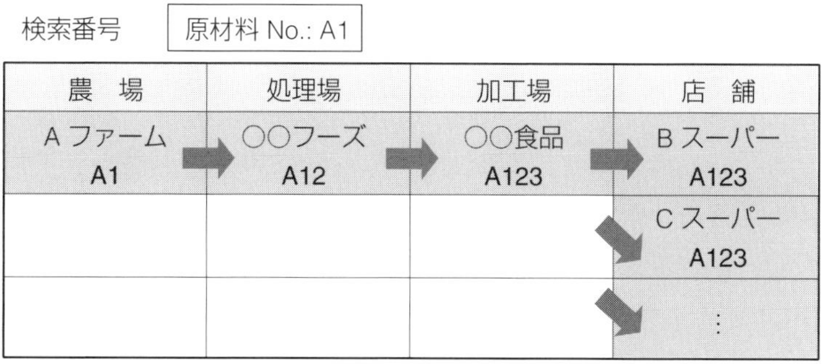

検索番号　原材料 No.: A1

農　場	処理場	加工場	店　舗
Aファーム A1	○○フーズ A12	○○食品 A123	Bスーパー A123
			Cスーパー A123
			⋮

原料ロットから，この原料がどの経路をたどって商品になったのかを把握することができる。

図 3.9　トレースフォワードの検索

第4章 トレーサビリティシステムの構築事例

　これまで，トレーサビリティシステムの基礎知識と構築の手順についてお話してきましたが，さらに理解を深めていただくために，具体的なシステムの構築事例を紹介します。これからお話する事例は，筆者の所属する(財)日本冷凍食品検査協会が，農林水産省の事業として平成14年から17年までの4年間にトレーサビリティの構築支援を行った数十社の事例の中から，素材型として鶏肉の事例，調理加工品の事例及び多種類のカテゴリーに対応可能なフレキシブルタイプのトレーサビリティシステムの事例について，モデル的な事例を紹介します。

4.1　システム開発の共通コンセプト

　トレーサビリティシステムの開発時に設定した開発コンセプトは，次の三つの事項を共通のポイントとしています。

(1)　中小企業及び海外工場でも対応可能なシステム

　開発されたシステムは，食品産業において，幅広く普及されることが重要となりますが，そのためには，事業者数で食品産業の98％以上を占める中小企業でも導入可能なシステムであることが求められます。具体的には，導入時における設備(ハード)及び運用(ソフト)の両面においてローコストであること，また，コンピュータの専門家がいなくても対応できる操作や，サーバ管理などのメンテナンスが簡単であることが重要と考え，これらの点を重視し，システム設計を行いました。

(2)　消費者へのリアルタイムな情報提供

　消費者の信頼を得るためには，「安全・安心」にかかわる必要な情報が，必要とするときに速やかに提供されることが重要です。本システムでは，商品に表示された識別コードなどにより，消費者が必要とする情

報をホームページ上，もしくは店頭に設置されたモニターによりリアルタイムで，情報公開することを可能にしました。

(3) 検証によるシステムの信頼性と安心の確保

開発されたトレーサビリティシステムは，そのシステムが確実に機能することに対する信頼性が重要となります。「安全」は，科学的な方法で証明できても「安心」は消費者の主観によるため必ずしも「安全＝安心」とはなりません。そこで，この安心を得るには，第三者機関が消費者に代わり，公平性，透明性をもって，システムの有効性を確認（検証）することが有効であるといえます。そのため，原材料，製造過程，流通過程の情報のみでなく，この第三者監査の実施をシステム運用の信頼性の担保として，監査情報についてもデータベースに取り込むことにしました。また，この監査結果の中で，消費者が必要とする情報については，情報公開することを可能とし，消費者とのリスクコミュニケーションを図ることとしました。

4.2 鶏肉の事例（素材型）

素材型の鶏肉のトレーサビリティシステムは，システムを導入したクライアントが広域型の生協であったため，この生協がPB商品として生産委託をしている地鶏ブランドを対象とし，フードチェーンの川上側にある養鶏農場から川下側にある店舗までの全体にわたったシステムを構築することになりました。

(1) システム構築の範囲

構築したトレーサビリティシステムの対象とする範囲は，養鶏農家の鶏舎単位から生協の店舗もしくは共同配送のセンターまでのフードチェーン全体となっています。しかしながら，養鶏農家が契約農家として固定化されているため，養鶏農家の管理データのすべてが処理場に集約される形になっています。このため，モノの所在とその情報を電子データとしてデータベース化した形でトレース可能な範囲は，養鶏農家から店舗もしくは配送センターまでとしました。さらに，川上側となる当該ロ

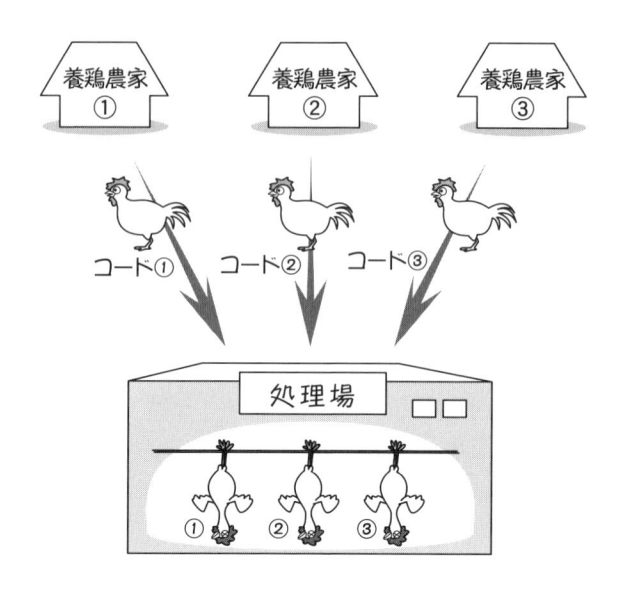

ットの鶏舎の特定は，生鶏の出荷がオールアウト方式（鶏舎内のすべての鶏を一度に出荷する）であるため，養鶏農家が作成している出荷日報によりペーパーベースでトレース可能としました。この結果，処理場に搬入されてから以降は養鶏農場単位がロットとなり，その前過程の鶏舎の特定は，ロットの中に出荷された数か所の鶏舎が紐付いた形のグループ化となりました。具体例でいうと，1月5日に処理場に搬入されたA養鶏農家のロットの中に第1鶏舎から第3鶏舎までの飼育情報がグループ化して紐付いていることになります。

(2) 識別コードを使用した情報伝達方式（モノと情報の紐付け）

　トレーサビリティシステムに関する情報伝達方式には，前述したように「モノと情報が別々に流れる方式」と「モノと情報が一緒に流れる方式」の二つの方式がありますが，構築システムでは，システムの導入及び運用コストを低減するため，モノと情報が別々に流れる方式である「識別コードによる方式」を採用しました。

　生鶏搬入，仕掛品，製品などの各段階における識別は，養鶏農家より処理場に鶏が搬入される時点でメインコードを付けるようにしました。

このメインコードは，商品が消費者の手に渡るまでベースとなるコードになります。処理場や加工場などの各段階で，商品及び仕掛品は複数の事業所に分かれることになりますが，このモノの分岐を識別してトレースするために，メインコードに付加する形でサブコードが付けられます。識別コードは，図 4.1 のように数字とアルファベットの組合せで構成することにしました。この識別コードの考え方は，養殖えび，うなぎ加工品，いか加工品，水産加工品，鶏卵などについても利用可能で，このコード体系を基本仕様として採用しました。

(3) 情報（モニタリングデータ）の入力

フードチェーンの各段階（処理場，配送センター，店舗）における情報の入力は，モニタリングのデータをリアルタイムで入力することを考慮し，当初は安価で操作が簡単な PDA（携帯端末）で行うことにしました。PDA を当初は有効に使うために，入力する情報は，重要な情報に絞り込み，何でもデータベースに入れることを避けました。しかしながら，PDA が生産現場における耐水性や操作性において問題があるとともに，処理場での作業中のデータ入力は，手間がかかる作業となってしまい，PDA で対応することが困難な状況になりました。そこで，いったんチェックシートに記載されたデータを作業終了時にまとめて汎用型のパソコンで入力する方式に変更することにしました。その結果，データの入力はリアルタイムではなくなりましたが，現状の管理状況では工程での管理基準の逸脱がほとんどないこともあり，作業終了時にまとめて入力しても実務上は問題が生じませんでした。むしろ，データ入力を担当す

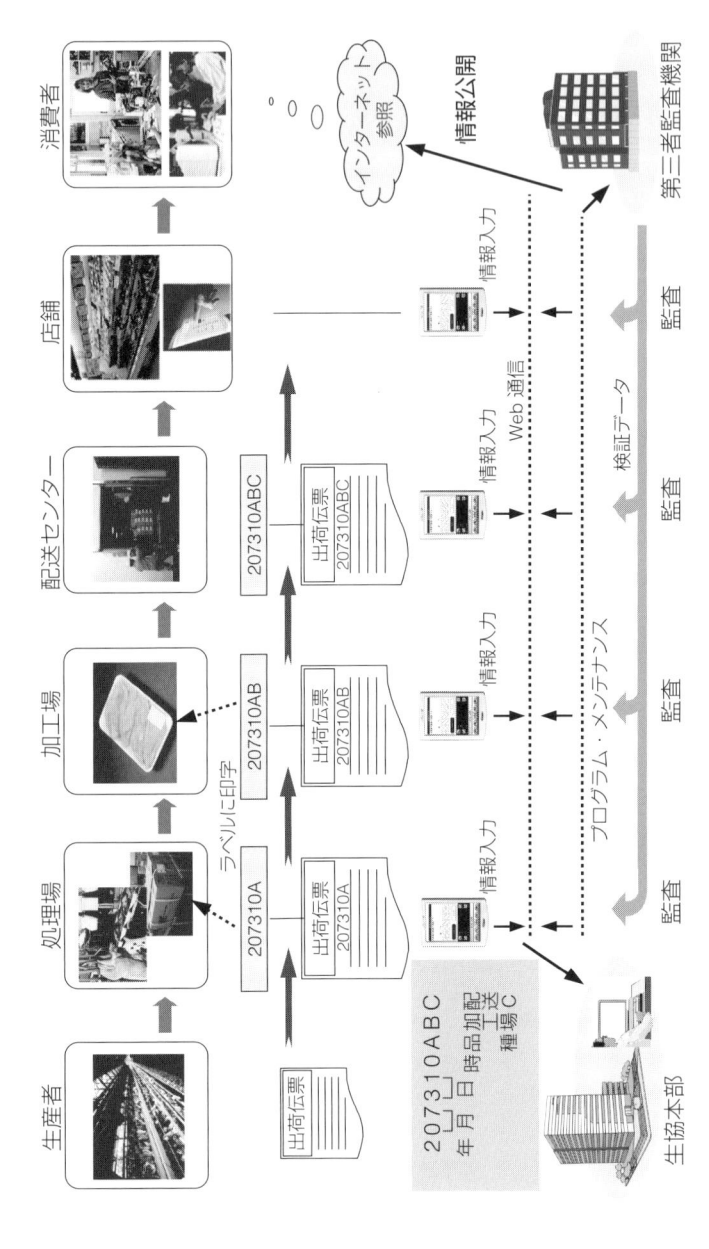

図 4.1 鶏肉トレーサビリティシステム概要

る部署では余計な業務がなくなり，助かったとの声が聞こえたのも事実です。

　さらに，入力データは情報を一元的に管理するため，すべての情報をシステム総括管理者(生協)のサーバで集中管理することにしました。データの送付はインターネットの Web 上で行いましたが，情報のセキュリティ管理が課題となり，この対策として，データの送信システムに後述する SSL などのセキュリティシステムを組み込み，情報の管理を徹底しました。

　また,入力者の誤入力と不正入力防止対策として,いったん入力されたデータは，システム管理者の承認がなければ修正ができないことに加え，修正が行われると自動的にその記録がされるプログラムとしました。

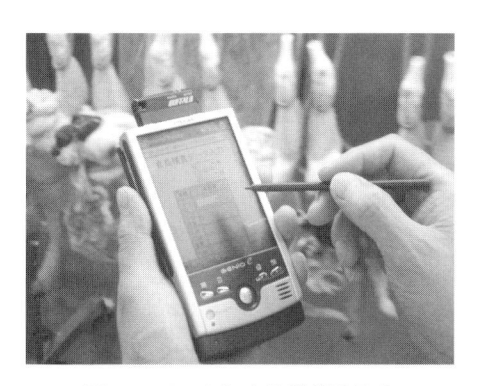

図 4.2　PDA による情報の入力

(4)　識別コードの表示

　鶏肉のトレーサビリティシステムでは，ロットの設定を「同じ鶏の種類で，同じ養鶏農家のえさや水で飼育され，同じ日に同じトラックで処理場に搬入されたモノ」としました。処理場に搬入されてから，処理・包装過程でのロットの識別は，図 4.3，図 4.4，図 4.5，図 4.6 のように，表示札もしくは表示ラベルによって，ロットを識別するようにしました。

　また，最終製品の識別は包装容器に印字もしくは識別コードを印字し

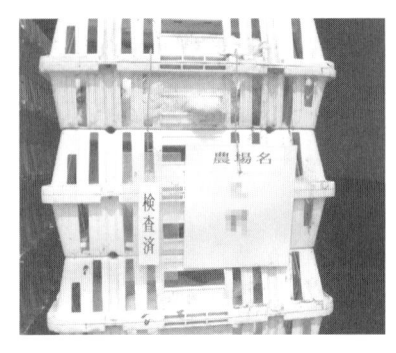

図 4.3　生鶏の搬入・検査

図 4.4　加工ライン上でのロット識別票

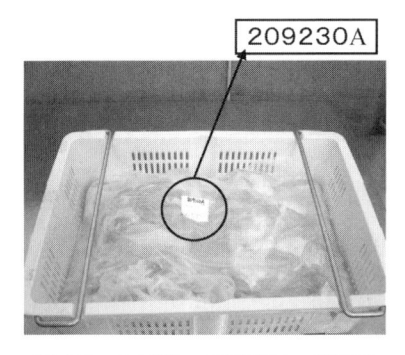

図 4.5　内包装への識別コード表示

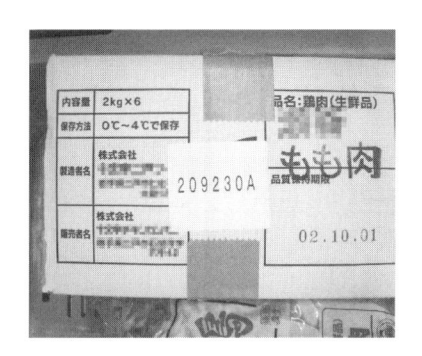

図 4.6　外箱の識別コード表示

たラベルの貼付によって行いました。当初は，ラベラーの機種及びラベルのサイズの関係で，ラベルに識別コードを表示する機能や余裕スペースがなく兼用できなかったため，図 4.7 のように別の識別コード専用ラベルを貼付することにしました。しかしながら，このことは生産性の低下（ラベル切替えのためのライン停止など）の原因となり，その改善策として，インクジェットプリンターで製品包装に直接印字をし，コードの切替えを効率的に行うよう改善を図りました。

(5) 情報の検索

情報の検索は，フードチェーンの各段階で設定された識別コードにより行うことにしました。具体的には，入力された情報のすべてがシステム管理者のサーバにおいてデータベース化されているので，情報を必要

図 4.7 商品の識別コード貼付

とする各段階では，それぞれの段階で付加された識別コードによりフードチェーン全体のトレース(モノの動き)を検索することができるようになりました。

また，商売上の問題で得意先を知られたくないなどの事情もあり，各段階での事業者がフードチェーンのすべての情報を見ることに問題がある場合は，システム管理者が発行するIDにより制限をかけ，限定的な検索のみ可能とすることもできるようプログラムを組んでいます。

(6) システムプログラムのメンテナンス

品名，規格，製造基準などが変更されたときには，システムプログラムのメンテナンスを必要としますが，システム管理者がWeb上，遠隔操作で変更を実施し，各段階での事業者が独自に変更することはできないようにしました。これにより，プログラムの不正な変更が，防止されることとなります。

また，このことにより各段階の事業者においてコンピュータの専門的知識を有する人材がいない場合でも，円滑にプログラムメンテナンスすることが可能となりました。

(7) 検証(第三者監査)の実施と結果の入力

システムが適切に運用，管理されているかを第三者機関が監査し，その結果がデータベースに入力され，必要に応じて消費者を始めとした関係者に情報公開されるようにしました。このことにより，構築されたト

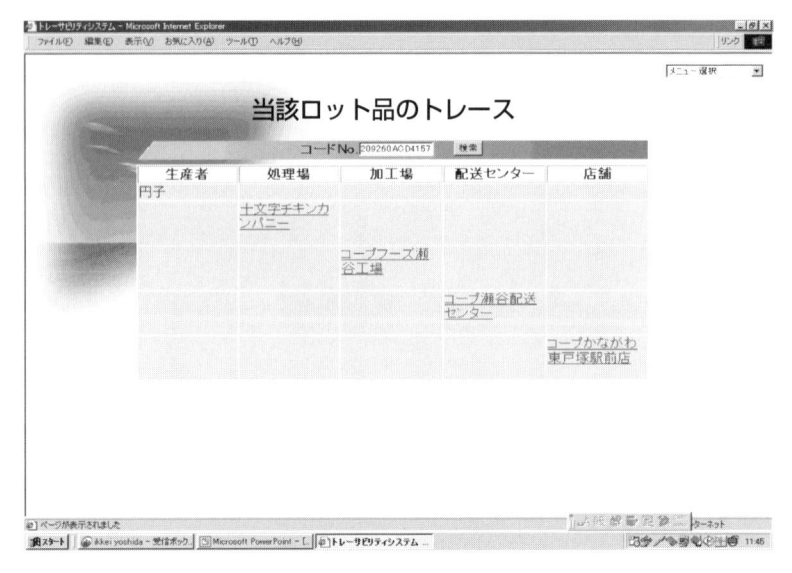

図 4.8　トレース情報

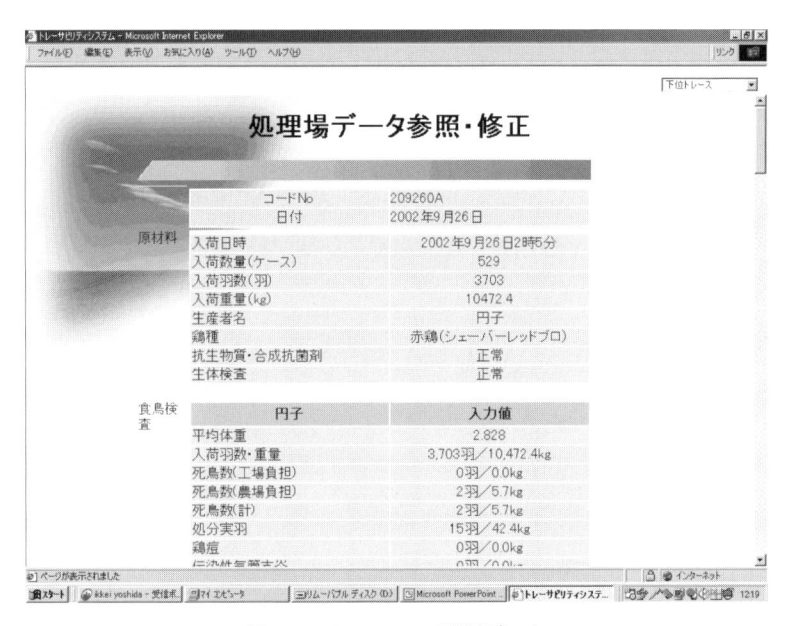

図 4.9　トレースの詳細データ

レーサビリティが適切に運営されていることが担保され，消費者やクライアントの信頼を確保する有効な手段となっています。

また，監査結果に問題がある場合，第三者機関はシステム管理者に問題点を明示し，改善を求めることになります。システム運用の監査の方法は，現地における帳票類が適切に記載され，管理されているかの調査，各段階の作業が仕様書と一致する内容で実施されているかの現地作業の調査，数量会計による該当品以外の混入がないかの確認などが主体となりますが，後ほど第6章で具体的なお話をします。

(8) 情報の公開

消費者が求める情報について，データベースより必要な情報のみを情報公開できるようにしました。具体的には消費者が購入した製品に表示してある識別コードからシステム管理者のホームページにアクセスし，インターネットで検索する方法と，店頭のモニター画面で情報提供する二つの方法で行っています。

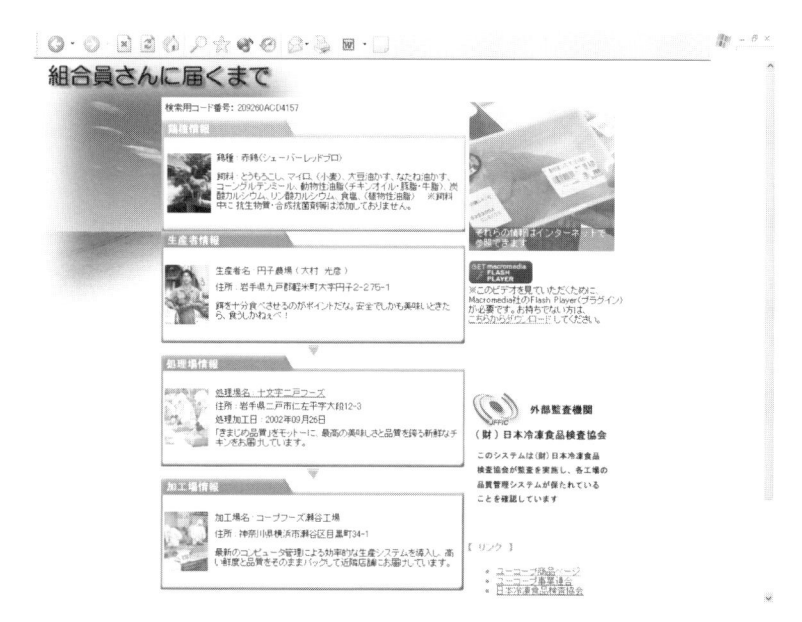

図 **4.10** 消費者向け情報公開画面

情報公開の範囲や内容は，システム管理者の考え方によって異なりますが，一般的に「生産者の顔が見える」ことを原則とし，原材料及び製造過程に関する情報の中で，消費者のニーズが高い項目に限って行うことにしました。

しかしながら，実態では店頭モニターでの検索やホームページの情報公開画面への消費者のアクセスは少なく，情報公開のあり方が大きな課題となっています。この課題についても，第6章で具体的な問題点と対応についてお話します。

4.3　調理加工品の事例

調理加工品を対象としたトレーサビリティシステムは，複雑な製造過程により製造，流通される商品特性から，4.2で紹介した鶏肉のトレーサビリティシステムを基本としながらも，図4.11のように多様な識別方式の組合せにより，モノとその情報の紐付けが可能なシステムとしました。ここでは，鶏肉の事例と重複する事項は省略し，調理加工品に特有の課題についてフォーカスした形での事例を紹介します。

紹介する調理加工品の事例は，冷凍鶏唐揚げの製造事業者に構築したシステムですが，その製造過程の概要は次のとおりです。

原料となる鶏肉は，主に海外で加工された冷凍鶏肉を使用し，唐揚げ粉などの副原料は，国内メーカーのものを使用しています。工場には3ラインの製造ラインが配置され，そのラインは製品の種類ごとに使い分けされる場合もありますが，2ラインで同一製品を製造したり，場合によっては製造過程の途中で他の製造ラインに移行して製造が行われる場合もあります。包装工程では，同じ種類のものが家庭用と業務用の両方に包装され製品化されます。

このトレーサビリティシステムは，調理冷凍食品，調理缶詰などの商品カテゴリーに採用しました。

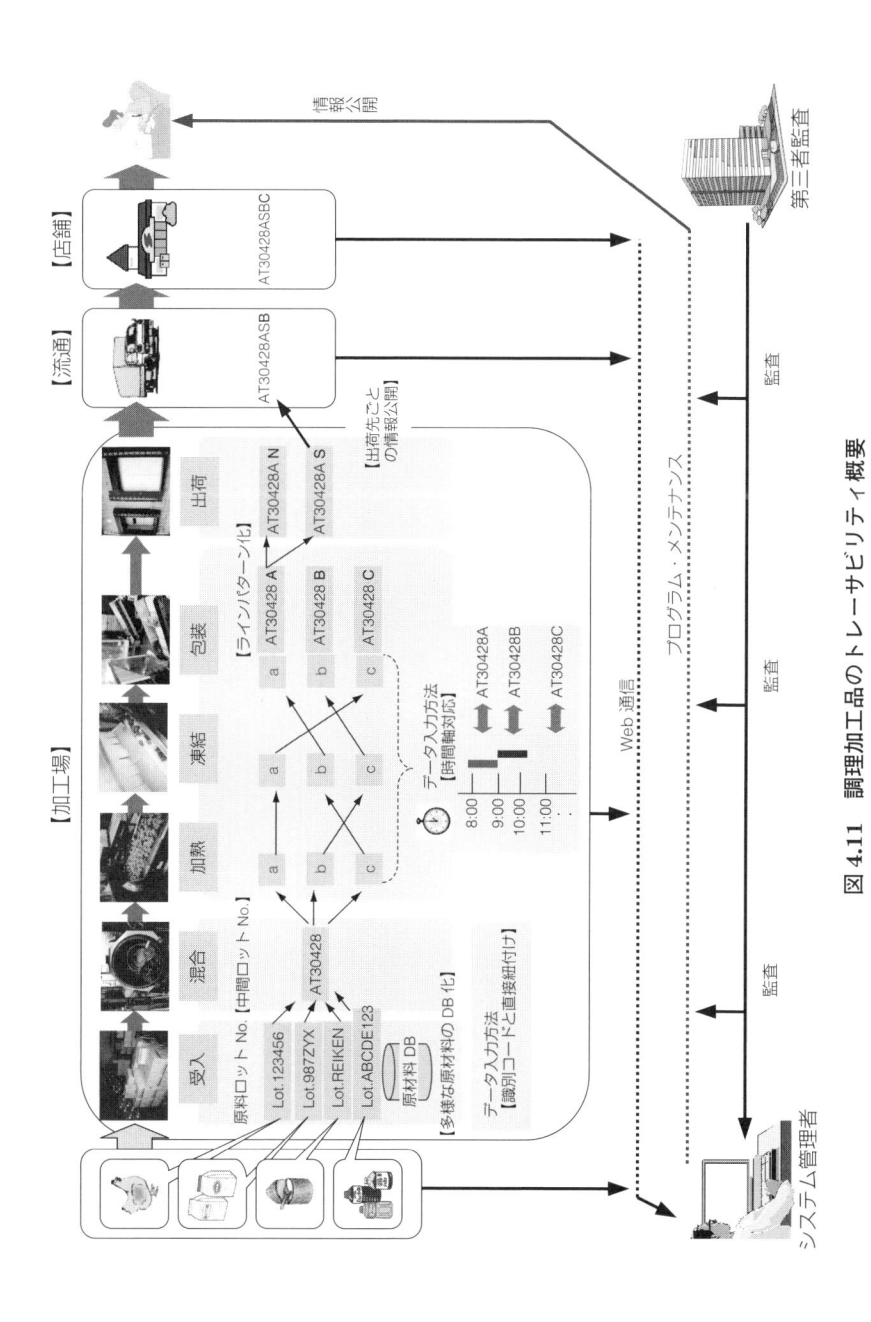

第4章 トレーサビリティシステムの構築事例

図 4.11 調理加工品のトレーサビリティ概要

(1) システム構築の範囲

　調理加工品のシステムは，その多種類の原材料，複雑な製造過程そして同様に複雑な流通の状況から，鶏肉のようにフードチェーン全体にわたったシステムを構築することが困難でした。そこで，食品製造事業者の責任範囲と考えられるフードチェーンにおける一歩前の原材料の搬入から，一歩後ろの得意先の配送センターまでをトレース可能な範囲としました。

　現在のシステムでは，トレースの対象とする原材料を主原料のみとしています。これは，情報のデータベース化にかかる作業量を考慮し，優先度の高い主原料に絞り込んだことによりますが，調味料などの副原料においても回収を伴う食品事故が発生しており，今後は副原料及び包装資材など健康危害のリスクが高いと考えられる他の原材料についても，トレース対象とする必要があります。

(2) 情報伝達方式

　調理加工食品では，多数の原材料の使用及び製造過程での複雑なモノの集合，分散があるため，これに対応できるシステムを必要とします。

　そこで，情報がバッチ的にくくれる原材料，原材料の処理，工程仕掛品，製品などについては，番号及び記号を用いた識別コードを使用し，データベース化することにしました。

　また，成型〜包装に至る連続生産ラインの情報は，一次元バーコード（調理缶詰はQRコード）を識別の方式として使用し，当該ロットの所在を時間軸に貼付けしてデータベース化することにしました。さらに，製造ライン間の移動についてトレースできるように，ラインをパターン化して登録し，そこへデータをモノと情報を紐付けるようにしました。

(3) 情報の入力

　製造過程のバッチごとの情報については，工程チェックシートに記載した上，作業終了後にまとめてパソコンで入力することにしました。また，連続的製造ラインの情報については，モノの移動（流れ）のみを一次元バーコードで識別の上，作業内容を時間登録し，その登録された時間

に情報を紐付けする方法としました。この場合，工程情報そのものについては，バッチ情報と同様に工程チェックシートに記載しておき，パソコンで入力した時点で，モノと情報が時間軸(情報の識別コードの役割)によって紐付くことになるよう工夫しました。

なお，前述のように連続的製造ラインが複数のアイテム生産に共用されている場合，生産予定によっては同じアイテムが別の製造ラインで製造されることがあります。このライン変更もしくはライン間のモノの移動に対応するため，事前に製造ラインをパターン化してマスター登録することで対応可能としました。

(4) 情報の検索と公開

鶏肉のトレーサビリティシステムと同様に，消費者が必要とする情報について，店頭のモニター及びホームページより情報公開することにしました。具体的には，消費者が製品に表示してある識別コードによりシステム管理者のホームページにインターネット上でアクセスし，検索する方法で行っています。

鶏肉の情報公開と異なる点は，鶏肉の場合フードチェーン全体のつながりについてトレースの情報が検索可能であるのに対し，調理加工品ではデータベースの範囲を原材料の搬入から得意先の配送センターまでと制限したので，モノの動きではなく製造過程において使用する原材料の特性，製造過程の管理の方法などに関する情報を主体に，「生産者の顔が見える」ことを原則とし，本来トレーサビリティシステムが基本とするトレース情報ではなく，原材料及び製造過程に関する情報の中でも原材料の産地，農薬など薬剤の使用の有無，アレルゲン物質にかかわる情報など，消費者のニーズ高い項目に限って行っています。

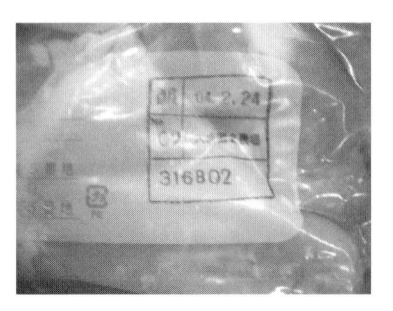

図 4.12　原料鶏肉の識別コード表示

図 4.13　製造過程でのロット区分表示

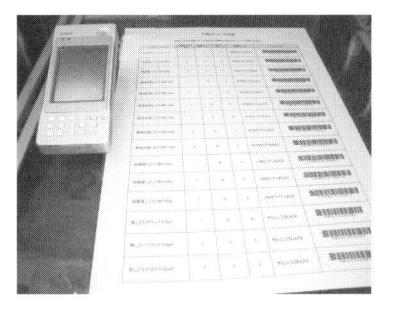

図 4.14　一次元バーコードによる
　　　　 時間軸データ入力

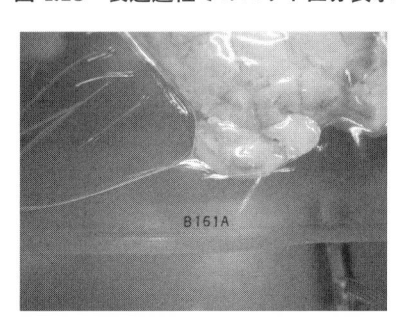

図 4.15　製品への識別コードの表示

図 4.16　鶏肉加工品の情報公開画面

第4章　トレーサビリティシステムの構築事例

4.4　多種類のカテゴリーに対応可能なフレキシブルなシステム

これまで，素材型と調理加工品のトレーサビリティシステムを紹介してきましたが，これらの弱点としてオーダーメイドのシステム構築による構築時間とコストの問題があります。クライアントの要望を聞きながら作り上げるシステムには，プログラム作成にシステムを導入する食品事業者の意向が反映しやすい反面，手間が懸かるということです。

そこで，これらの弱点を補い，システムの導入に要する時間が短縮でき，低コストで構築でき，かつ素材型や軽加工品に幅広く使用できるシステムとして，フレキシブルタイプのシステムを開発しました。さらに，トレーサビリティシステムの適切な運用を円滑にする目的で，データの自動監視の機能や消費者からの問い合わせの多い商品特性についてのデータベース化と情報公開の機能を付加しました。

(1)　システムの対象とするカテゴリーの汎用性

このシステムは，畜産品，農産品，水産品の各カテゴリーに対し，その素材品，軽加工品及び素材型調理加工品などにフレキシブルに対応可能であり，幅広い汎用性を持ったシステムとしました。

73

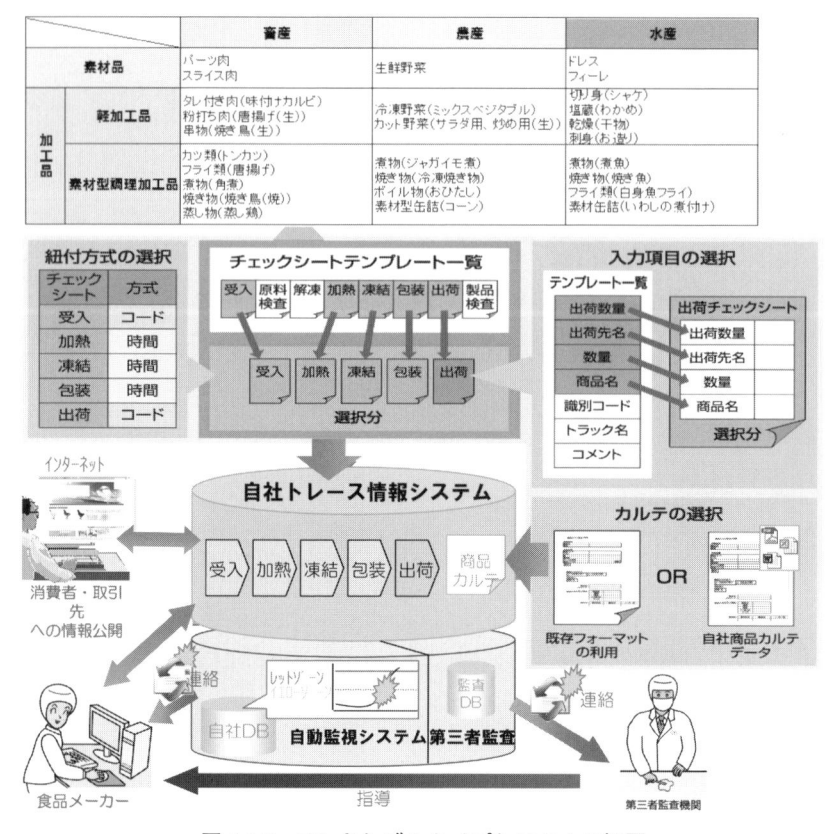

図4.17　フレキシブルタイプシステムの概要

(2) ロットの設定と情報の紐付け

ロットの設定は「同一のアイテム，規格，原材料の漁獲水域・農場及び加工工程の同一時間帯」としましたが，この識別コード方式により原材料の受け入れから製品の出荷に至るまでの製造過程の情報を連続的に紐付けることを可能としました。

情報の紐付けは，従来から採用してきた方式を採用し，バッチ的製造過程では数字，アルファベットの組合せによる識別コード方式を，連続的製造過程では時間コードへの紐付けを行いました。

(3) データ入力のフォーマット作成

データ入力のフォーマット作成は，従来対象とする製品もしくは製造ラインごとに作成するオーダーメイド型であったため，フォーマットが整備されていない事業者では，フォーマット作成にかなりの時間を要しました。このシステムでは，フォーマット作成の時間を短縮するため，主な製品カテゴリー別に原材料の受入れから製品の出荷に至る各々の製造過程に必要とする入力フォーマットをテンプレートとして事前にパッケージ化して準備し，同様に事前に設定したモニタリング結果などの入力項目一覧から必要とする入力項目を選択して貼り付けることにより，容易にデータ入力のフォーマットを作成することが可能になりました。

① カテゴリーの決定

対象とする製品のカテゴリーを，カテゴリー一覧表より選択して決定する。

② テンプレートの選択

データの入力に必要とするフォーマットを製造過程ごとにテンプレート一覧表より選択する。

③ 入力項目の貼付け

カテゴリー及び製造過程ごとに準備された入力項目一覧表より入力に必要な管理項目を選択して，テンプレートに貼付け入力フォーマットを完成させる。

(4) 管理データの入力

管理データの記録は，各製造過程においてペーパーベース（チェックシート）で行い，その管理データの中でデータベースとして入力を必要とする重要な事項について，事前に作成した入力画面のフォーマットにパソコンを用いて入力します。

このようなアナログ的入力の方法を採用した理由は，製造現場で従来から行われている管理方式を大きく変えることなく導入することが製造現場におけるシステム導入に対する抵抗を少なくし，導入を円滑にすること，またバーコードリーダーなどの使用による導入コストの負担を低

減するためです。

(5) 管理データの自動監視システム

トレーサビリティシステムの本来の目的は、食品事故が発生したとき、該当する製品に関するトレースバック及びトレースフォワードの情報を提供するものですが、「食品事故が発生してから情報を検索する」のではなく、「事故を未然に防止する情報管理システム」により予防措置の徹底が可能となります。そこで、入力した情報を単にデータベース化するだけでなく、管理基準に適合しているか及び基準逸脱の傾向があるかをリアルタイムで自動監視することにより、事故の未然防止に役立つ有効なシステムです。

データベース化された管理データについて、リアルタイムでその内容についてチェックし、必要があれば修正、改善の措置をとるよう該当する部署に通知することが重要ですが、現状ではすべてのデータについてそのような対応を行うことは困難です。また、モニタリングにより管理基準を逸脱していることが判明した場合は、その時点で修正措置が実施されることになりますが、管理基準を逸脱するまでには及んでいないが、このままであると逸脱する可能性があると傾向値から判断される場合の速やかな対応が、食品事故の未然防止策として重要です。

そこで、本システムにおいては、次の手順でデータベース化された管理データを自動監視することにより担当者のデータ監視の業務負荷を大幅に削減するとともに、食品事故の発生を未然に防止することを可能としました。このシステムの詳細については、第6章でさらにお話します。

(6) 情報公開の方法

情報公開の方法は、より消費者が情報を得やすくするため、次の三つの方法で公開することにしました。

① 店頭のモニターによる方法

店頭に設置したスキャナー(バーコードリーダー)により商品に貼付したQRコードを読み取り、モニターの画面で情報を得る。

図 4.18　QR コードの読み取り

② 事業者のホームページによる方法

事業者のホームページにアクセスし，商品名，規格，識別コードを入力することにより情報を得る。

③ 携帯電話による方法

消費者が持っている QR コードを読み取れる携帯電話により，携帯電話の画面上で情報を得る。

(7) 情報のセキュリティシステム

システムへのなりすましアクセスを防御し，データベース化された情報のセキュリティを守るため，デジタル認証によるアクセスシステムを取り入れました。システム管理者が承認した使用者とその使用するパソコンの両方をデジタル認証することによりなりすましを防止するもので，情報の流出防止に有効です。詳細については，5.5 でお話します。

第5章 トレーサビリティシステム構築の課題と対応

　トレーサビリティシステムの構築支援にこの4年間携わってきましたが，正直なところシステム構築には大変な労力を要します。
　その主因は，食品産業における商品カテゴリーがものすごく幅広いことです。肉，野菜，魚などの素材品から調理冷凍食品や惣菜といった複雑な工程の商品まで何万という商品カテゴリーがあり，それぞれが異なる特性を持っていることです。規格品を扱うJISの世界と異なり，食品産業は天然物を扱うアナログな世界でシステム化が難しい業界です。
　また，中小企業が多いということは，いわゆる経営資源としての「人材，設備，資金，情報」が潤沢に使える状況にないことも難しさの背景にあります。
　このような状況の中で，トレーサビリティシステムを導入する上で，クリアしなければならないいろいろな課題がありますが，この中でも特

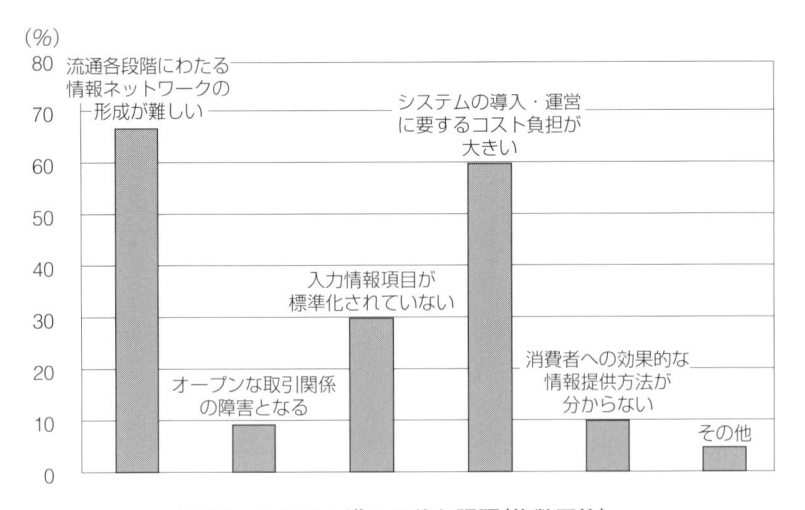

図5.1　システム導入に伴う課題（複数回答）

第5章　トレーサビリティシステム構築の課題と対応

に重要と考える課題について，その対応も含めてお話しします。

5.1　導入及び運用コスト

システムの導入時における設備投資（データ入力機器，データ保管のサーバ及び情報公開のホームページの作成など）や，システムソフトの開発経費，及びシステム運用のランニングコスト（ラベル代，業務作業費，データ管理費及び第三者監査の経費など）について誰が負担するのかは，トレーサビリティを普及させるための大きな課題となります。

本来は受益者負担というのが原則でしょうが，現在の市場原理ではこれらのコストを商品に付加することが困難であり，費用対効果を考慮して導入するシステムの情報伝達方式を決定することが重要となります。また，厳しい社会環境の中で，トレーサビリティシステムの適用を理由に，他社の同様な商品より，高い価格で販売することができないのが現状です。

前述した情報システムの伝達方式には，導入経費が数千万円もするRFID方式から数百万円の識別コード方式まで大きな格差があります。情報伝達方式は，システムの情報量や検索のスピードなどを考慮し，費用対効果が十分検討される必要があります。

しかしながら，トレーサビリティを運用するためには，若干のコストアップを避けることはできず，コストの吸収に耐えられる差別化された高付加価値商品及び安全性の確保が優先的に求められる商品を対象とせざるを得ないものと考えられます。

5.2　システム設計における課題

(1)　ロットの設定における精度と手間の関係

トレーサビリティにおけるロットの設定は，精度と手間（生産性）の関係に大きな影響を及ぼすため，慎重に検討の上，決定される必要があります。

　　ロットが小さい→情報の精度が高い：手間が多い（生産性の低下）

ロットが大きい→情報の精度が低い：手間が少ない

　鶏肉のトレーサビリティでは，「同じ鶏の種類，同じえさと水，同じ養鶏農場及び同じ日に処理」を単位として同一ロットにしてきましたが，鶏舎までを対象としませんでした。これは，養鶏農場が特定できれば，鶏舎はペーパーベースで検索可能なため，あえてロットの要件に繰り込む必要がなかったためです。一般的にロットの設定を行うとき，HACCP手法でのハザード分析（リスクの発生の可能性について検討）により「リスクの大きさ＝ロットの大きさ」を原則として検討することになります。言い換えれば，必要以上にロットを小さくすることは，システムの運用を円滑にするために避けるべきでしょう。

(2) 識別コードの簡略化

　識別コードでロットの区分を行う場合，製品へのラベル貼付作業において，識別コードを切り替える作業が，ロットの切替り時に発生しますが，現在，使用されているラベラーの多くは，コンピュータで自動印字されるようにセットされており，ロットの切替えに設定入力の変更に時間を要し，このことが生産性低下の原因となっています。

　この改善策として，識別コードはできるだけ簡略化することが必要ですが，具体的には，次のような対応が考えられます。

- ロットをグループとしてまとめてしまい，そのインデックスコード（グループの代表コード）に置換
- インクジェッターによる時間又はシリアルナンバーの製品への直接印字

・JANコードや賞味期限表示など既存の表示事項と識別コードのAND検索の利用

(3) データ入力の簡易化

データ入力における市販PDAの使用は，食品工場などの作業環境において耐久性や耐水性などの点で改善を要すると前述しました。製造現場などでの入力は，操作の簡易化が必要とされますが，情報の種類によっては，ペーパーのチェックシートによる記録を，一日単位でまとめてパソコン入力する方法が効率的な場合もありました（一般的には，約30分程度で入力できる）。通常の管理において，リアルタイムで情報入力を要することは，現実にはあまり多くはないものと考えられ，複雑な工程を経る製品であっても，バーコードリーダーなどの電子機器によるリアルタイム入力とパソコンによるバッチ的入力との併用による入力が，現実的な方法として推奨されます。

5.3 データベースの管理と改善への有効利用

(1) データベースの管理と有効利用

トレーサビリティシステムの入力データは，時間の経過とともに膨大なデータが蓄積されます。このデータには，モノがどのように流れたかといったトレース情報の記録のほか，モノに関する製造工程中の管理記録も含まれています。

これらの管理記録は，日々の製造工程でモニタリングされたデータですが，その記録の中には，管理基準から逸脱しているものもあれば，管理基準を逸脱するまでには及んでいないけれども，このままの状態が続くとやがて基準から逸脱する可能性があるものも含まれています。

これらのモニタリング結果が出たとき，基準を逸脱したときには迅速に，また基準から逸脱する傾向値であれば，未然に何らかの予防処置をとることにより，重大な事故から免れる可能性が高くなります。

しかし，残念ながらこれらの記録が製造現場での管理に十分活用されていないケースが多いのが現実です。活用されない原因としては，管理

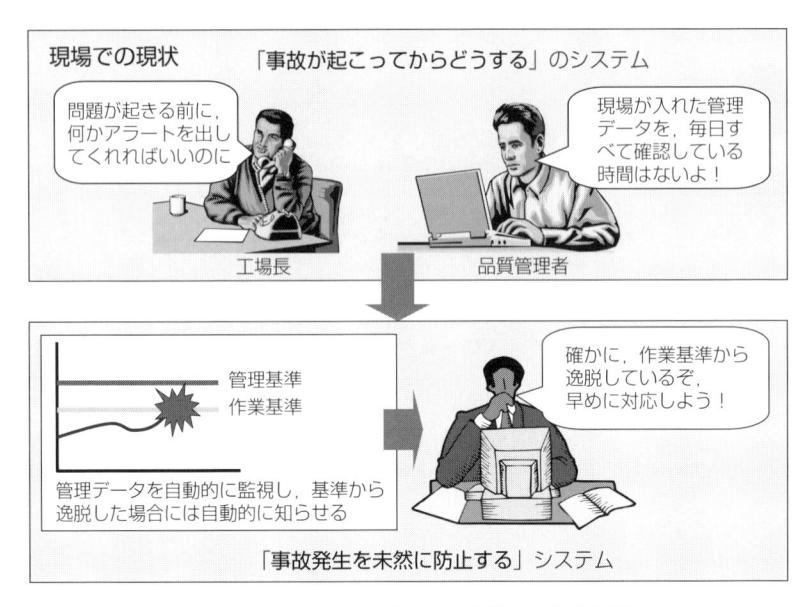

図 5.2 データベース管理と改善への有効活用

者は日々の業務に追われており，常にこれらの管理記録を確認することが時間的に難しくなっているからです。そのため，せっかくのモニタリングデータもただ記録しているだけで，PDCA サイクルを回すことができていません。

そこで，トレーサビリティシステムに自動監視する機能を組み込み，データベース化された管理データを，基準から逸脱もしくは，逸脱する傾向値が続いた場合に，管理者にアラートを知らせ，すぐに改善を行うようにすれば，管理者の平常時における管理業務の負荷を大幅に削減するとともに，食品事故の発生を未然に防止することに有効です。

(2) データ自動監視システム

このシステムでは，入力された情報を時系列的に自動監視し，あらかじめ設定された基準に対して基準の逸脱があれば，アラートメールを管理者に自動的に送信し，迅速に改善措置ができるようにするためのシステムです。これにより，何か問題があってから原因を追究するのではな

第5章　トレーサビリティシステム構築の課題と対応

く，事故発生を未然に防止することが可能となります。

このシステムでは，次の流れでアラートを管理者に自動的に連絡します。

・まず，自動監視する工程の基準値を設定します。自動監視する基準には，二つあり，一つは，管理基準から逸脱した場合の不適合（レッドゾーン），もう一つは，このまま続くと不適合になる傾向がある要注意（イエローゾーン）です。レッドゾーンについては，発生した時点で管理者に連絡します。イエローゾーンについては，一定の期間連続して続いた場合か，ある回数基準を逸脱しそうになった場合かのいずれかを設定します。

・どの管理者に連絡するか決めておき，システムに登録します。海外の委託先に製造させている場合であれば，委託元である日本の企業にもアラートメールが発信され，委託先に対して「遠くからでも常

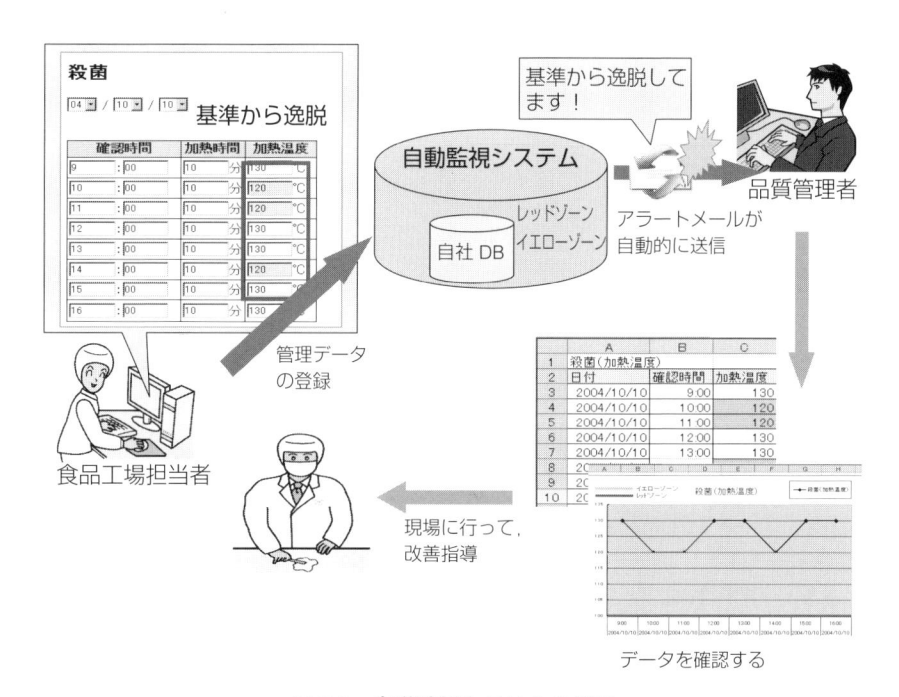

図5.3　自動監視システムの概要

に監視している」という牽制効果もあります。
- これらの基準を基にして，データを自動的に数値管理します。
- 基準から逸脱すると，アラート状態を連絡する管理者に対して自動的にメール（アラートメール）が送信されます。
- アラートメールを受信した管理者は，メールに書かれた識別コードとどの工程のどのデータかを見て，詳細情報を確認することにより発生した事故の詳細や過去の管理履歴について情報を得ることができ，原因究明に活用できます。
- 管理者は上記で確認したデータを分析し，迅速に改善措置するための対応を実施することができます。

5.4　従業員の理解とトレーニング

　トレーサビリティシステムの信頼性を確保するのに重要なことは，正確なモニタリングとその記録です。これらの当事者である現場の従業員がトレーサビリティの重要性を正しく理解しているか，また実施するに当たって十分なトレーニングがされているかが重要です。特に，現場の意識に「基準を逸脱した数値を記入することはまずいので，少し直しておこうか」というラフな意識があれば，トレーサビリティは有効に機能することができません。

　数千万円の情報システムを導入したとしても，それを運用するのは「人」です。この「人」にスキルが十分でなければ，システムも機能する運用ができません。このことは，HACCP手法やISO 9001そしてISO 22000でも同様のことといえますが，トレーサビリティシステムに関しても「やるべきこと」，「やってはいけないこと」をルール化し，その内容が第一線の現場に周知徹底されることが重要です。

5.5　情報のセキュリティ管理

　トレーサビリティシステムでデータベース化されたデータは，製造工程の情報や原材料の仕入先など，企業のノウハウにつながる情報も含ま

第5章　トレーサビリティシステム構築の課題と対応

れています。そのため，インターネットなどを利用したシステムの場合，社外へデータが送受信されることもあり，データのセキュリティ管理が重要です。

インターネットを使った情報システムの場合，セキュリティ上の課題として，次のようなものが挙げられます。
・関係者になりすまして，不正にデータをのぞく。
・情報の通信中に途中からデータを盗み見される。
・システムの入ったサーバになりすまし，それを知らない利用者が，偽のサーバにデータを入れてしまい，データを盗まれる(フィッシング詐欺)。

このような課題を解決するためには，トレーサビリティシステムを導入する際に，セキュリティ管理の仕組みを組み込んでおく必要があります。ここでは，実際に，日本冷凍食品検査協会で実施している三つのセキュリティ管理について，紹介します。

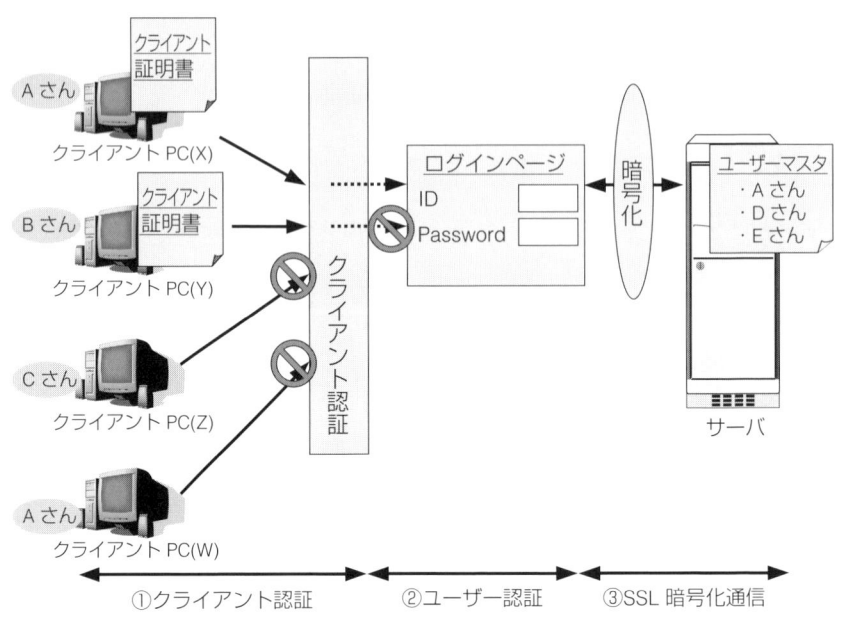

図 5.4 情報のセキュリティシステム

(1) クライアント認証

これは，使用するコンピュータを固定して登録し，登録されていないコンピュータからはシステムのアクセスができないようにするためのものです。

まず，サーバ側で発行された証明書を，使用するコンピュータへインストールします。この証明書は，システムにアクセスしたときに，サーバ側がその証明書があるかどうかをチェックすることで，システムの利用を制限します。このため，外部から不正にアクセスしようとしても，コンピュータにはこの証明書が入っていないため，サーバ側ではアクセスを認められないので入ることができません。

(2) ユーザー認証

この方法は，システム利用者を固定登録し，登録されたユーザーのみがシステムを利用できるようにするものです。

具体的には，あらかじめサーバ側には利用者を登録しておきます。登

録された利用者には，システムに入るためのユーザーIDとパスワードを与えておきます。利用者は，システムにアクセスすると，まず，ログイン画面という玄関に接続されます。そこで，利用者は，ユーザーIDとパスワードという鍵を使ってシステム内へ入ります。

これにより，システムに登録されていない人が勝手にシステムを利用できないようにしています。

(3) データの暗号化通信

この方法は，データを通信しているときに，不正に情報をのぞき見されることを防止するため，データを暗号化して情報のやり取りをして内容が見えない形にするものです。

暗号化の技術はいろいろありますが，一般的には「SSL（Secure Socket Layer：エスエスエル）」という方法が使われます。

暗号化は，次の手順で行われています。もちろん，この手順はすべて

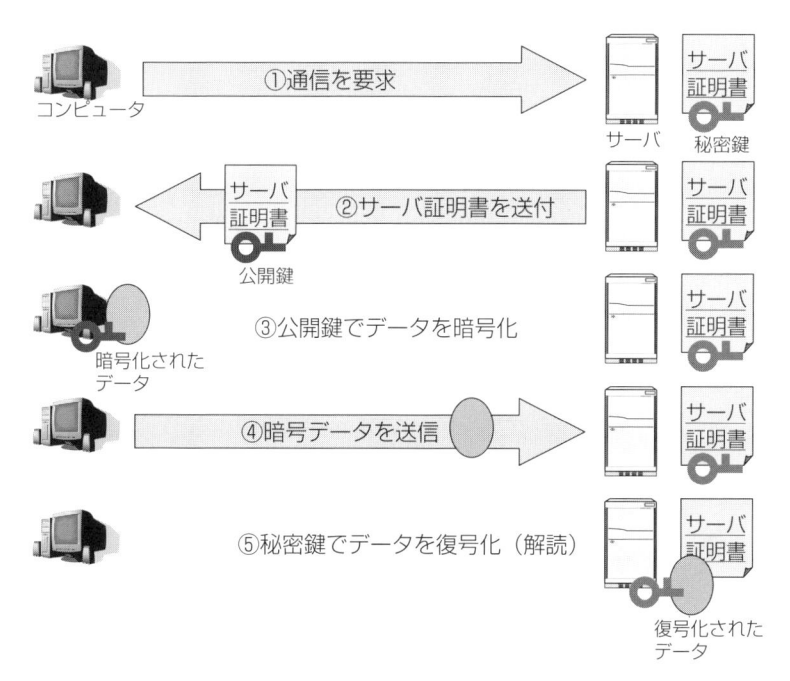

図5.5　SSL暗号化通信の流れ

コンピュータが行っているので，利用者の手間にはなりません。
- 利用者のパソコンがサーバへ暗号化の交渉を行う。
- 利用者のパソコンはサーバから暗号化をするための鍵（公開鍵）とサーバ証明書を受け取る。
- その公開鍵を使って利用者のパソコンで暗号化してデータを送信する。
- サーバでは解読するための鍵（秘密鍵）を使ってデータの解読を行う。

こうすることにより，情報のやり取りをしているときには，暗号化しているため，途中で盗み見をしようとしても，解読するための鍵がないため，意味が全く分からないデータしか見られません。

また，この暗号化の技術には，データの暗号化のほかに，偽のサーバにアクセスした場合に，本当にこのサーバは正しいものなのかを確認することができます。

図 5.6　偽サーバを見破る方法

本物のサーバの場合には，正しいサーバ証明書が発行されていますが，偽のサーバの場合には，正しい証明書が発行されていませんので，偽のサーバと判断することができます。

5.6　内部監査と第三者監査による検証

(1)　内部監査

何度もお話することですが，どんなにりっぱなトレーサビリティシステムを構築しようと，適切に運用されなければシステムは機能しません。そこで，トレーサビリティシステムが正しく運用されているか，またシステムに製造現場の実情とマッチしない点があり不都合が生じていないかなどについてチェックし，その結果によって，必要に応じ，改善（修正措置）を行う必要があり，内部監査の実施が求められます。さらに，システムのレビューについても内部監査及び第三者監査の結果を反映することとしています。この内部監査は，単に問題点を見つけ出すだけでなく，発見された問題点を解決し，改善することによる管理のレベルアップにつなげることが重要であり，このことがいわゆるPDCAサイクルを回すということになります。

①　内部監査の位置付け

内部監査チームは，HACCPチームのメンバーによって構成されますが，監査が正確かつ公正に行われるために，チームメンバーには社内の品質管理部門担当者や製造現場の上長者（役職者）などが入るのがよいでしょう。また，監査結果がその後の改善に十分反映するために，監査チームの位置付けは，経営者又は生産部門の最高責任者に直結した組織とする必要があります。

要は内部監査チームの報告及び指摘事項が社内で尊重され，経営者に聞き届けられることにより，監査機能が有効となるわけです。

②　内部監査チームメンバーが必要とするスキル
・トレーサビリティシステムに関するシステムの内容を十分理解していること

- 対象となる製造ラインや製品に関する知識を有すること
- 「何が問題点であるか」を見つけ出すことができるスキル，「どのように解決すればよいか」を指導できるスキルを有すること
- 監査結果をまとめあげ，正確に分かりやすく説明できること
- 従業員に対する強いリーダーシップを有すること

③　内部監査の手順

内部監査の手順は，図 5.7 に示すように，七つのステップで行うのが，一般的です。

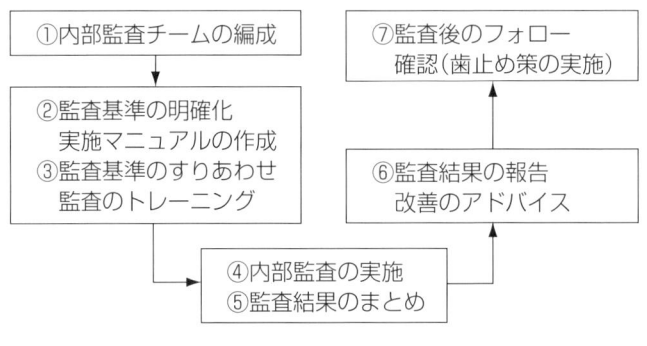

```
①内部監査チームの編成
    ↓
②監査基準の明確化
  実施マニュアルの作成
③監査基準のすりあわせ
  監査のトレーニング
    ↓
④内部監査の実施
⑤監査結果のまとめ
    →
⑥監査結果の報告
  改善のアドバイス
    ↑
⑦監査後のフォロー
  確認(歯止め策の実施)
```

図 5.7　内部監査の手順

④　監査結果の改善への活用

内部監査は，第三者による外部監査と異なり，その結果に基づき，速やかな自主的改善に結びつかなければなりません。そのためには，監査する側も監査される側も，同じ企業の当事者として問題解決に当たる必要があります。いわゆる「言い放し，言われ放し」は監査を無意味なものにしてしまうだけでなく，システムそのものを形骸化してしまうことになります。

さらに，重要なことは，監査により明確にされた問題点を直接経営者に報告し，単に現場サイドの改善に終わらさず，改善の推進に必要とする経営からのバックアップ(経営者のコミットメント)が必要です。また，改善の取組みは目標をしっかり定め，できることから，まず取り組み，成功事例を一つひとつ積み上げていくことが成果を上げる基本です。

(2) 第三者監査

フードチェーンの各段階において事業者が導入したトレーサビリティシステムが，適切に機能していることを第三者が監査（システム監査）することにより，「食の安全・安心」にかかわる事業者の取組みを担保することは，消費者の信頼を得る手段として重要です。

しかしながら，今のところ，第三者監査に関する手法や要件について，グローバルスタンダードとして確立されたものはありません。そこで，公的検査機関である日本冷凍食品検査協会では，監査手法の確立について，農林水産省のシステム開発事業で取り組みました。その成果を元に，現在，次のような第三者監査を実施していますので紹介します。

① 第三者監査のコンセプト
- 導入されたトレーサビリティシステムが適切に機能していることを監査する「システム監査」とする。
- 「安全な食品を製造，流通すること」がトレーサビリティシステムの前提条件として不可欠であるため，食品の製造，流通に関する管理事項についても本監査システムの対象とする。
- 監査事項は，次の三つの事項に大別される。
  ― 情報とモノの紐付け（データ管理）が適切であるか。
  ― 作業が正しい手順が周知徹底され，実施されているか。
  ― 該当する原材料，製品に異なるモノが混入されていないか。

② 第三者監査の概要

図5.8参照。

③ 第三者監査の内容

＜データ管理＞
- モニタリングが正しく実施され，記録され，報告されているか。
  （帳票の記載内容について確認と担当者へのヒアリング）
- 記録の改ざんが行われていないか。
  （工程の流れに沿ってデータの整合性を確認する）
- 情報の流れとモノの流れが紐付けられ，途中で途切れることなく管

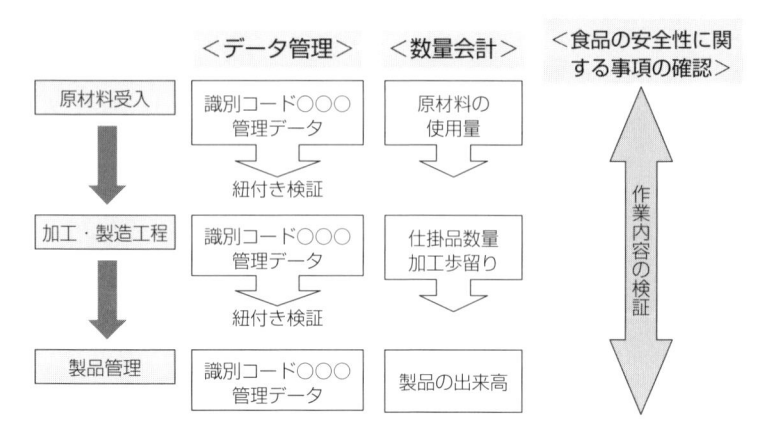

図 5.8　第三者監査システムの概要

理されているか。
（無作為に稼働日を選び，同一日における情報がトレースできるかを確認する）

＜作業内容の確認＞
・作業手順どおりに作業が実施されているか。
　（製造現場での観察）
・作業手順の内容は，適切であるか。
　（手順の内容について，妥当性を確認）

＜数量会計＞
・原材料の受入れ数量と製品出来高とが一致しているか。
　（原材料受払い表，製造日報，製品出来高管理表などで，同日のロットを追跡調査する）

5.7　海外生産工場とのシステム

　近年，食料自給率が40％といわれているように，海外からの原材料の輸入や海外で処理・加工した製品の輸入が増大しています。国内で生産するよりもはるかに安い人件費で作ることができるのが大きな理由ですが，こうした流れに対して，課題も多くあります。考え方の違いから

第5章　トレーサビリティシステム構築の課題と対応

か，海外の現地工場では，こちらが意図しない方法で作業を行っていることがしばしばあり，食品の安全面から見て，問題がある管理状態も少なくありません。また，日本では使用が禁止されている抗生物質や農薬，食品添加物を使ってしまい，輸入禁止の措置を受けるケースもあります。実際，ここ数年で海外からの原材料や加工品での食品回収事故も増えており，それらの品質管理が重要視されています。

　こうした問題を解決するためには，常に管理者が作業状態を管理することが必要となりますが，現状ではすべての生産委託工場に常駐させるわけにもいきません。自社資本の海外工場であれば，日本からのスタッフを常駐させることも可能かもしれませんが，多くの場合は，現地企業へのOEM生産が主体であるため，日本から管理者が常駐して管理することは現実的ではありません。

　そこで，インターネットの利点を生かし，現地工場から日本にあるトレーサビリティシステムのサーバに管理情報を送信してもらえれば，日本にいながらにして海外の作業状態を把握することができます。また，現地工場に対して，常に管理状態を監視しているという姿勢をアピールすることにより，ある意味，彼らを牽制することもできます。

しかし，日本で使っているシステムをそのまま海外に持っていっても通用しません。一番の障害になっているのが，言葉の問題です。

　現地の管理者の中には，一部には日本語も理解できる人がいますが，現地の作業者には日本語の理解できる人がほとんどいません。かといって，現地の言葉に合わせてシステムを作ってしまうと，今度は日本の管理者が登録された情報を読み取ることができません。そこで，お互いが理解できるように，相互の母国語による情報のやり取りを可能とするシステムが必要となります。そこで，このシステムでは各利用者がログインするときに，自分の言語を選択してログインすると，メニューや項目名を選択した言語に切り替えることができるようになっています。ただし，入力項目は入力した言語のまま表示されますので，入力項目を設計するときには注意が必要です。例えば，入力する項目は数値データや選択式にして，異なる言語でも影響のないものにするといった工夫が必要です。こうしたことができるようになったのも，最近のパソコンのOS（オペレーションシステム）であるWindows XPが多言語対応となっていることが挙げられます。

　ここで，注意しなければならないのは，システムを入れたからといって，現地の作業内容を100%は把握できないということです。

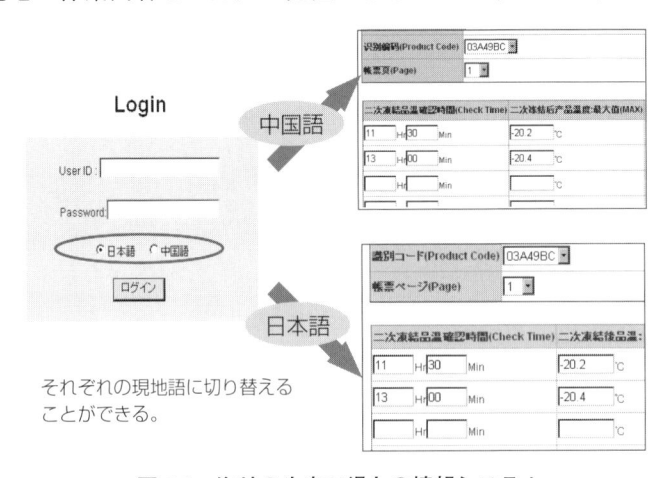

図5.9　海外の生産工場との情報システム

実際にシステムの監査で現地工場を訪れた際にあったことですが，データベース上は何の問題もなかったのですが，現場を見てみると決められた作業がきちんと行われていませんでした。例えば，工程内のロットの識別区分はされていなかったのですが，それでもデータは入力されていたため，データベース上は問題ないように見えていただけでした。このようなことは，海外にかかわらず，日本の工場についてもいえます。そこで，日々の管理については，トレーサビリティシステムの情報で確認し，年に数回，現場の管理状況を確認，改善指導するといったこととの組合せで管理する必要があります。

5.8 ユビキタスIDセンターによるフードチェーンでの情報連結

これまで述べてきましたように，トレーサビリティシステムをフードチェーン全体にわたって構築することは，生活協同組合や大手量販店のPB商品を除いて，一事業者では非常に困難といえます。そこで，各事業者が部分的ではあるが，自社の一歩前と一歩後ろを対象としたトレーサビリティシステムの構築を進めると，そのカバーする範囲をセルとしてつなげることにより，フードチェーン全体を対象としたトレーサビリティシステムが構築されることになります。

ユビキタスIDセンターの目的は，各事業者が既に導入した異なるコード体系のシステムをユビキタスID(ユーコード)に統一した変換をすることにより，フードチェーンの各段階における情報の紐付けを一元化して行おうというものです。このシステム開発は，平成16年の農林水産省の事業で行いました。

この事業で開発したシステムは，前述のとおり，数字，文字を使用した識別コードで情報を紐付けしていますが，この情報を次のようなシステムでユビキタスIDセンターに送信し，一元管理と情報公開を行うことができます。

・A社の情報のINDEXデータ(データの表札となる記号)をユーコ

ードに変換し，ユビキタス ID センターに送信する。
- ユビキタス ID センターでは，送信された INDEX 情報をデータベース化し，一元管理する。
- 情報公開は，該当する商品に貼付された識別コード(数字・文字，一次元バーコード，QR コードなど)を読み取り，その情報によりデータベース化された INDEX 情報を検索する。
- 検索された INDEX 情報が，事業者のホームページにリンクされ，消費者はその画面で該当する商品のトレース情報を得ることが可能となる。

このユビキタス ID センターは，農林水産省の実証試験では技術的な実用のメドが確認されているもののまだ実稼働はしていません。また，現段階ではユビキタス ID センターの利用に関する経費も明確になっていませんが，それなりのコストがかかるのは当然です。今後いかにコストの低減が図れるかが，ユビキタス ID センターのシステムが普及するための大きなポイントになります。ほかにも同様のシステムが，生鮮農産物を対象として開発されていますが，同じような課題を抱えています。

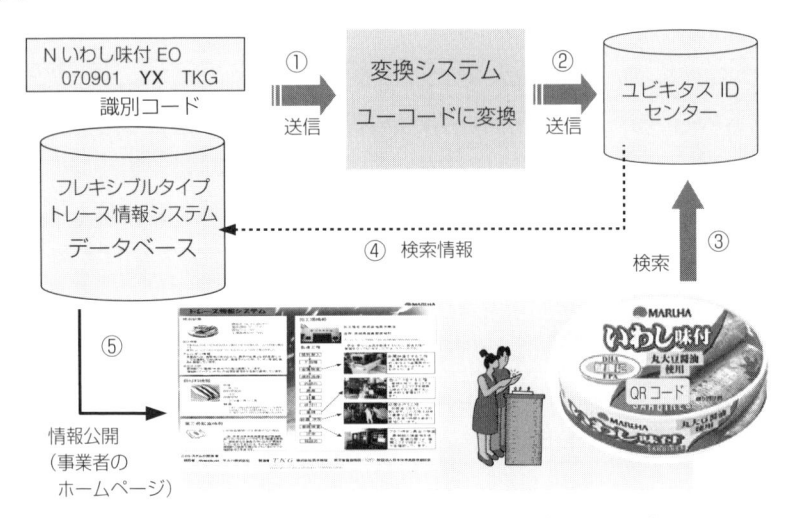

図 5.10　ユビキタス ID センターによる情報の共有化

第5章 トレーサビリティシステム構築の課題と対応

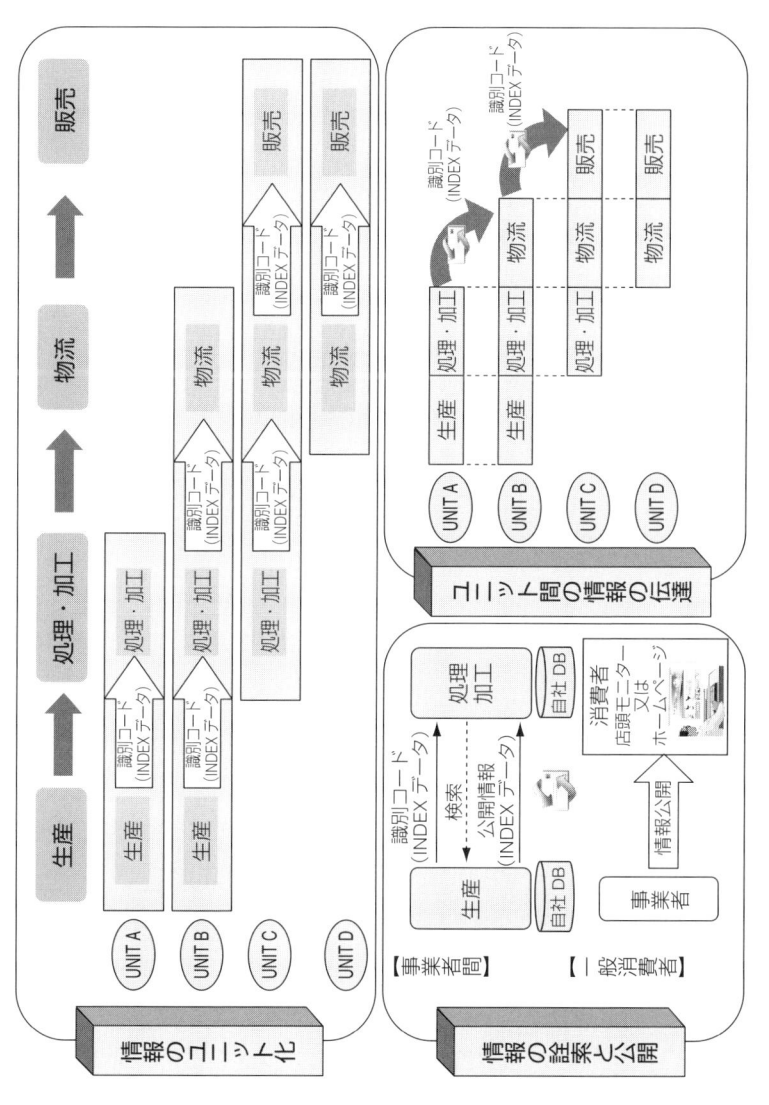

図 5.11 トレース情報共有化の考え方

第6章 情報公開の課題と対応

情報公開はトレーサビリティシステムの主目的ではありませんが,前述したように消費者に対する「食の安全・安心」の「安心」(信頼感)を得るための有効なツールと言えます。

しかしながら,一方では情報公開に関するいろいろな課題が顕在化しており,ここではこれらの課題と対応についてお話しします。

6.1 情報公開の基本的考え方

消費者への情報公開をインターネットのホームページ上や店頭のモニター等,いろいろな方法で行ってきました。その情報公開の内容の範囲については,どこまでが必要であるかを消費者アンケートの結果を踏まえ,決定しました。しかしながら,消費者のアクセス数は,期待したほどではなく,安全・安心にかかわる社会の動きとのギャップがあります。

これらの現象は,トレーサビリティの構築に取り組んでいる他の団体・企業においても同様の傾向にあり,このことから推測されることは,「消費者は,商品の詳細な情報そのものを求めているのではなく,食品事業者がトレーサビリティを導入し,"安全・安心"に積極的に取り組んでいる」ことの取組みを評価しているものと考えられます。

そこで,今後は,さらに消費者の動向を踏まえ,リスクコミュニケーションを重視した情報公開の内容や方法について検討していく必要があります。

6.2 情報公開の方法

トレーサビリティシステムの情報公開の方法には,様々な方法があります。

まず,情報公開する相手が,消費者なのか取引先なのかによって,方

第6章　情報公開の課題と対応

法が異なってきます。情報公開の相手が消費者の場合は，店頭やインターネットによる公開方法が考えられますが，取引先の場合には，より詳細な情報を求められることより，個別の情報公開の方法が主体となります。

また，情報公開する内容についても，消費者には川上側の情報公開となりますが，取引先には，より詳しい情報の開示が必要となります。

実際に，どのように情報公開を行っているのか，事例を挙げ説明します。

公開場所	方　　法
店　頭	掲示板やPOPで表示
	モニターパネルを使い表示
インターネット	インターネット上による表示
携　帯	携帯電話上による表示
その他	問い合わせがあった場合に資料(紙)で提出

図6.1　情報公開の方法

(1)　店頭での情報公開

店頭で情報公開を行う場合の目的には，次のようなものが考えられます。

・購入した消費者に対してのみ，情報公開を行う。

・安全安心をうたうことで，消費者に対して購買意欲をそそる。

そのため，店頭に設置しても目立つようなものになっています。

例では，トレーサビリティ対象商品のショーケースの上に画面を置き，この商品の生産者が誰なのか等の情報を公開しています。

この仕組みの課題としては，最初は興味本位で見てもらっても，継続して見てもらえなくなるといったことが挙げられます。

そのため，継続的に見てもらうように，様々な趣向を凝らしているケースもあります。

例えば，一回見るごとにポイントがたまり，プレゼント抽選券がもらえるものや，買った商品にアレルギー物質が入っているかどうかを，その場で確認できる機能などです。

図 6.2　店頭での情報公開用モニター

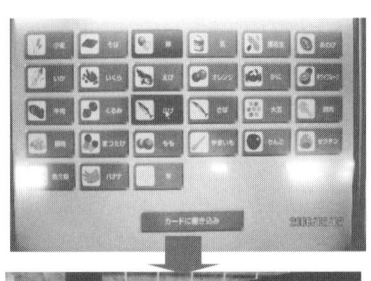

①会員カードにあらかじめ自分の該当するアレルギー物質を登録しておく。

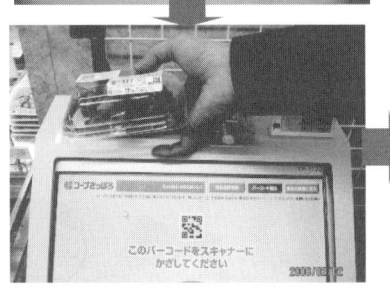

②会員カードを端末に入れて購入する商品を読み取る。

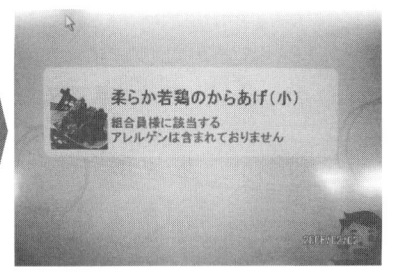

③会員カードに登録されているアレルギー物質があるかどうかデータベースと照合して，結果を表示する。

図 6.3　情報公開での工夫

第 6 章　情報公開の課題と対応

(2)　インターネット上での情報公開

インターネット上での情報公開が，最も一般的です。これは，インターネットの普及により，インターネット接続環境が各家庭に導入されているため，誰でも利用しやすいといったことが背景にあります。

いわし缶詰を例として説明します。

商品を購入した消費者は，インターネットの情報公開画面にアクセスし，缶に印字されている情報を入力します。

その情報から，データベース化されたトレーサビリティの情報を表示します。

ここで公開される情報は，データベース化されたすべての情報ではなく，必要最低限の情報です。

この方法についても，先の店頭での情報公開同様，情報公開を開始してから，時間がたつと見られなくなる傾向があります。

そのため，対象商品を使った調理レシピを併せて表示して，1か月ご

①商品に印字された識別コードを入力し，検索

②該当する商品ロットの情報を表示

図 6.4　インターネット上での情報公開

とに更新し，飽きられずに見てもらえるよう工夫しているところもあります。

(3) 携帯電話を使った情報公開

最近の携帯電話は，電話やメールだけでなく，QRコードの読み取り機能やインターネット機能が付いたものなど，飛躍的に進化しています。

また，携帯電話の普及も進み，いまや持っていない人を探す方が大変なくらい誰もが携帯電話を持っている時代となっています。

その手軽さを利用して，携帯電話を使った情報公開もあります。

例として，携帯電話のQRコード読み取り機能を使ったものを説明します。

商品に付いているQRコードを携帯電話で読み取ります。読み込まれた情報には，携帯用の情報公開ページのURLと，識別コードの情報が含まれています。

次に，読み込まれたURL先にアクセスします。アクセスするときに，先ほど読み込んだ識別コードの情報も付加していますので，携帯電話上で識別コードを入力する必要がありません。

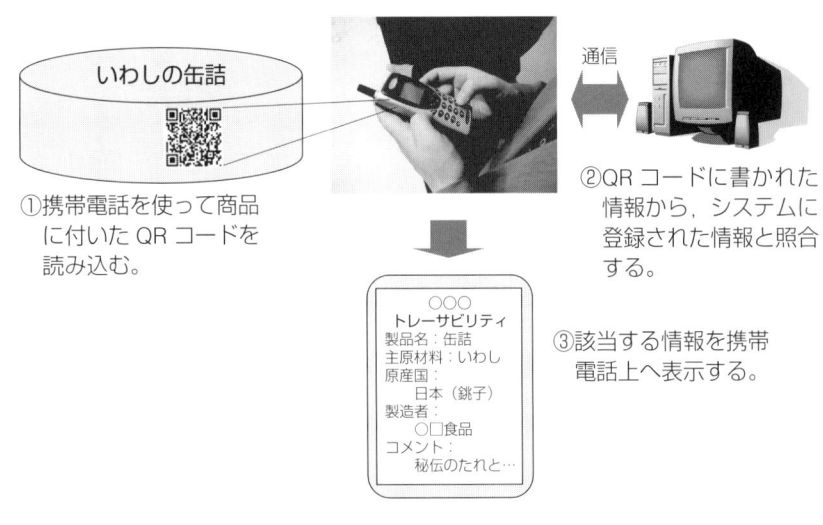

図 6.5　携帯電話を使った情報公開

第6章　情報公開の課題と対応

サーバ側では，その識別コードを元にし，データベースへ照合します。該当する情報があれば，携帯電話へその情報を送信します。送信された情報は，携帯電話で表示されます。

携帯電話の場合も，利用者が減らないように，アクセスごとにポイントを付けてプレゼントと交換するものや，簡単なゲームや画像を登録しておき，アクセスするごとに利用できるといった工夫をしています。

6.3　新たなニーズにこたえる商品情報管理システム

消費者が商品に対して求める情報のうち，多いのは川上サイドの情報（原料原産地，加工方法など）と商品の特性（アレルギー物質など）です。

また，取引先から商品に対しての問い合わせについても，「商品がどのように流通したか」といったトレーサビリティの情報だけではなく，「この商品はどのような原材料を使っているか，アレルギー物質は含まれているのか」などといったその商品の特性に関する情報が増えています。

特に後者の情報については，近年の食品の安全・安心に対しての関心の高まりに対応するため，消費者やクライアントから問い合わせがあった場合に，迅速に回答できる体制作りが必要となってきています。

しかし，従来型のトレーサビリティシステムでは，商品のモノの流れや原料についての簡単な情報(原産地の所在地等)はデータベース化していましたが，商品に関するより詳しい情報(この商品に含まれるアレルギー物質は何があるのか，原材料の農薬は何を使っていてどういった検査を行っているのかなど)はデータベース化されていないケースが多いといえます。

そこで，トレーサビリティシステムと商品の特性に関する情報を組み合わせることで，消費者や取引先が求める商品の特性情報を含めて提示することができますので，より消費者ニーズにこたえることができます。

商品の特性をデータベース化する目的は，二つあります。

まず，取引先から商品の問い合わせがあった場合に，データベース化することで，すぐに検索して対応することができるということです。

二つ目は，取引先に対して，商品の特性をまとめた資料(商品仕様書又は商品カルテ)をデータベース化した情報から出力して提出できるということです。

商品仕様書とは，商品の原材料情報，商品規格，製造工程管理，表示などに関する情報及び商品の検査基準などを仕様書として文書化したものです。

しかし，この商品仕様書の様式は，業界で統一されたものはなく事業者ごとに異なる様式になっています。そのため，メーカーや商社は，取引先ごとの様式に合わせて作成し直しており，その手間が大きな課題となっています。このような理由から，商品の情報を一元的に管理し，そのデータベースを幅広い目的に活用するシステムが求められています。

ここでは，これらのニーズにこたえるため開発された，商品情報管理システムを例にして説明します。

(1) システムの概要

このシステムでは，商品に関する情報(原材料配合表，製造者等情報，商品規格，製造工程管理，表示に関する情報，製品検査基準，各種検査

第6章　情報公開の課題と対応

証明書など)を一元的に管理します。

　例えば，取引先からある添加物が問題になっているので，それを使った商品はどれだけあるのかといった問い合わせがきたとします。そのときに，このデータベースからその添加物を使った商品の一覧をすぐに検索して答えることができます。

　また，取引先ごとに商品仕様書の様式が異なるため，同じ商品でありながら提出先ごとに書き直さなければなりませんが，このシステムの機能を使えば，提出先ごとの様式に合わせて出力することができますので，問い合わせがあった場合には，その機能を使って，取引先の様式の商品仕様書でプリントアウトして提出することができます。

　このように，トレーサビリティのモノの流れや情報だけではなく，そのモノの特性自体をデータベース化して活用することで，食品の安全性や品質・表示に関する信頼度を高めることができます。

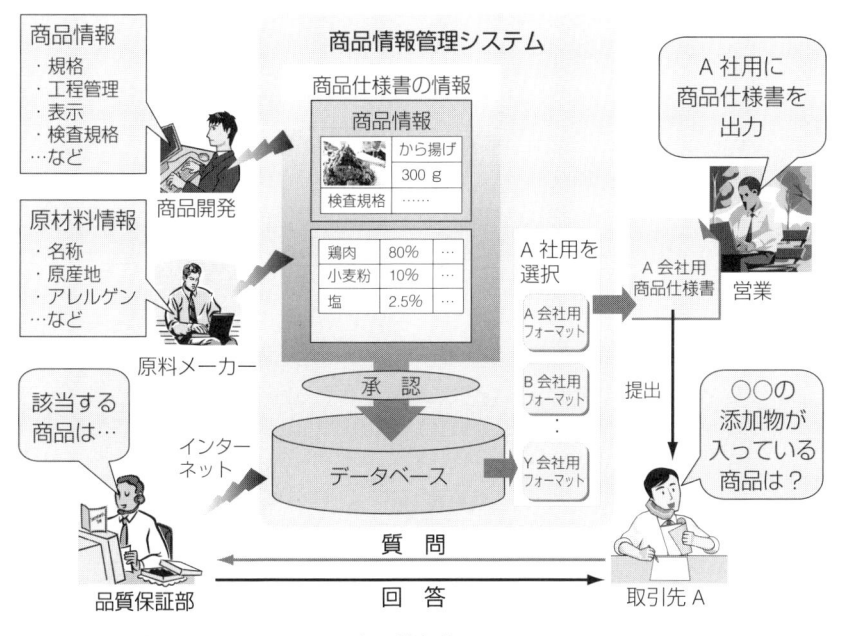

図6.6　商品情報管理システム

第7章　まとめ

　トレーサビリティシステムを構築し有効的に運用するためには，次のことが基本原則として重視される必要があります。
　(1)　トレーサビリティは，「安全性確保の切り札ではない」
　トレーサビリティシステムそのものは，フードチェーンにおけるモノの所在と情報を紐付けるツールであり，「安全性確保の切り札」ではありません。
　トレーサビリティを導入したから，安全な食品を提供できていると誤解されている向きがありますが，重要なことは「まず，安全な食品を作り，安全に流通すること」です。言い換えれば，安全な食品でないものをいくらトレースしても，消費者に安全な食品を提供することはできないということです。

第7章　まとめ

　残念ながら，一部の食品メーカーや流通において，トレーサビリティシステムを導入したことを，コマーシャルベースで宣伝に使っているケースが見受けられます。極端な例では，トレーサビリティシステムの構築に多額の投資をしたことを宣伝し，自社の製品の安全性をアピールするケースさえあります。

　このようなことにより，「トレーサビリティシステムの構築には多額の経費がかかってしまう」という誤解を多くの食品事業者に持たせてしまっているのが現状です。是非，トレーサビリティシステムの原点を見失わないようにしてほしいと思います。

(2)　はじめに「情報提供ありき」ではない

　「トレーサビリティ＝情報公開」と思われがちですが，情報公開がトレーサビリティシステム構築の目的のすべてではありません。当然ながら情報公開は，消費者とのリスクコミュニケーションの一環であり，重要なことではありますが，情報公開を表に出しすぎると，本来の目的を見失ってしまいます。

　トレーサビリティの本来の目的である
①　食品事故が発生した場合の製品の回収や原因究明の迅速化
②　食品の安全性や品質・表示に関する消費者の信頼の確保
を明確にし，目的にこたえるシステムを構築する必要があります。

(3)　システムは「Simple is Best」である

　トレーサビリティシステムでは，「食の安全・安心」のために必要とする情報を，必要な範囲・内容で，必要なとき，必要なだけデータベース化し，検索できることが基本です。必要以上のシステムの重装備は，円滑なシステム運用を妨げる大きな要因であることに留意する必要があります。

　また，自社の身の丈(力量)を考えず，理想的なシステム構築を追うあまり，現場で対応ができないシステムを導入してしまい，失敗してしまったというケースがあります。いくら優れたツールでも，それを使いこなせなければ，何の役にも立ちません。自社の力量に適したシステムの

構築が重要です。

(4) トレーサビリティシステム＝ハイテク(先端的IT技術)ではない

トレーサビリティがIT関連企業のビジネスチャンスであることに間違いはありませんが，「トレーサビリティ＝ハイテク技術」と食品事業者に誤解を招かせるのは問題です。このような誤解を招いている責任の一端は，IT関連企業だけでなく，より有効で実現可能なシステム構築を指導すべき立場にある方々にもあるのではないでしょうか。食品業界における十分な現状把握がなされないまま，理想的なあるべき論をもって指導した結果，身の丈に合わないトレーサビリティシステムを導入してしまい，その結果，システムの運用に四苦八苦しているケースを見受けることは残念なことです。

トレーサビリティは，前述のとおり，ペーパーベースでも可能であり，必ずしもIT技術が必要なわけではありません。重要なことは，自社の実情(資金，人材，生産品目など)を十分考慮し，費用対効果の高いシステムを構築することです。

(5) コンプライアンスの遵守

ときどき「トレーサビリティシステムを導入すると，肉の産地をごまかすことなどの不正がなくなりますか？」という質問を受けることがあります。トレーサビリティシステムを導入すると，不正な行為を考えている人に対して，若干のプレッシャーは与えるでしょう。しかしながら，このプレッシャーだけでは，不正な行為を防止するには，あまりにも非力です。

トレーサビリティの信頼性に関する前提として，重要なことは，事業者におけるコンプライアンスが遵守されていることです。そのためには，ISO 22000で求める経営者のコミットメントをはじめとする，「安全な食品を製造し，提供することが第一であるという社内風土の確立」を図らなければなりません。いくら優れたシステムを導入しても，コンプライアンスが遵守されなければ，「食の安全」を守ることはできないのです。

参考文献

1) ISO/DIS 22005　ISO/TC 34/WG 9
2) 食品トレーサビリティシステム導入の手引き（農林水産省 食品のトレーサビリティ導入ガイドライン策定委員会）
3) 新山陽子編，新宮和裕他著：食品トレーサビリティ，昭和堂
4) 農業・食品産業等情報提供システム実態調査報告，(社)農協流通研究所
5) ISO/TC 34/WG 8 専門分科会： ISO 22000:2005 要求事項の解説，(財)日本規格協会
6) 2次元コードの基礎知識，(株)キーエンス
7) IC タグ 35 の疑問，日経コンピュータ，2004 年 10 月 4 日号，日経 BP 社
8) 秋本芳伸・岡田泰子：図解で明解 公開鍵暗号と PKI のしくみ，毎日コミュニケーションズ

プロフィール

新宮　和裕
しんぐう　かずひろ

(財)日本冷凍食品検査協会
執行役員/企画開発事業部長
技術士(農芸化学)
ISO 品質マネジメント審査員補
ISO 22000(食品安全マネジメントシステム)国内検討委員
ISO 22005(食品のトレーサビリティシステム)国内検討委員

1972 年　(株)ニチレイに入社。商品開発，生産管理，品質管理業務を担当する。特に，生産部担当部長として全社の HACCP, ISO 9001 の導入に取り組む。
1999 年　(財)食品産業センターに出向。農林水産省の新技術開発事業及び食品産業での HACCP の普及に取り組む。
2002 年　現職。
現　在　HACCP, ISO, トレーサビリティシステム等の品質システム構築や人材育成などの支援事業に当たっている。

食の安全にかかわる主な著書：
HACCP 実践のポイント改訂版(日本規格協会)
やさしい HACCP 入門(日本規格協会)
一般的衛生管理マニュアル(食品産業センター)
食品の安全性・品質確保ハンドブック(JAS 協会)
有害微生物管理技術(フジテクノシステム)
食品危害分析・モニタリングシステム(サイエンスフォーラム)
食品の適正表示マニュアル(サイエンスフォーラム)
有機食品の認証の手引き(日本経済新聞社)
解説　食品トレーサビリティ(昭和堂)　　　など

吉田　俊子
よしだ　としこ

(財)日本冷凍食品検査協会
企画開発事業部　IT 化システム推進チーム

2000 年　東京農業大学大学院農学研究科栄養生理学専攻・修士課程修了。
　　　　(株)シーエスデーに入社。主に，食品関連企業に対するシステムの企画，開発業務を担当する。
2005 年　(財)日本冷凍食品検査協会に入会。現在，トレーサビリティシステムや商品情報管理システムなど，食品関連企業の品質保証に関係する IT 化システム構築のための支援事業に従事している。

やさしいシリーズ 18
食品トレーサビリティシステム
定価：本体 900 円（税別）

2006 年 7 月 31 日　第 1 版第 1 刷発行

著　　者	新宮和裕・吉田俊子
発 行 者	島　弘志
発 行 所	財団法人 日本規格協会

〒 107-8440　東京都港区赤坂 4 丁目 1-24
http://www.jsa.or.jp/
振替　00160-2-195146

印 刷 所　株式会社ディグ
製　　作　有限会社カイ編集舎

© K. Shingu, T. Yoshida, 2006　　　　　Printed in Japan
ISBN4-542-92018-6

当会発行図書，海外規格のお求めは，下記をご利用ください．
　カスタマーサービス課：(03)3583-8002
　書店販売：(03)3583-8041　　注文 FAX：(03)3583-0462
編集に関するお問合せは，下記をご利用ください．
　書籍出版課：(03)3583-8007　　FAX：(03)3582-3372